阅读成就思想……

Read to Achieve

逻辑思维
经典入门

[美]威廉·沃克·阿特金森 著
（William Walker Atkinson）
满海霞 译

THE ART OF
LOGICALTHINKING
OR
THE LAWS
OF REASONING

中国人民大学出版社
· 北京 ·

图书在版编目（CIP）数据

逻辑思维经典入门 /（美）威廉·沃克·阿特金森（William Walker Atkinson）著；满海霞译. -- 北京：中国人民大学出版社，2023.8
ISBN 978-7-300-31781-6

Ⅰ. ①逻… Ⅱ. ①威… ②满… Ⅲ. ①逻辑思维－通俗读物 Ⅳ. ①B804.1-49

中国国家版本馆CIP数据核字(2023)第116074号

逻辑思维经典入门
[美]威廉·沃克·阿特金森（William Walker Atkinson） 著
满海霞 译
LUOJI SIWEI JINGDIAN RUMEN

出版发行	中国人民大学出版社		
社　　址	北京中关村大街31号	邮政编码	100080
电　　话	010-62511242（总编室）		010-62511770（质管部）
	010-82501766（邮购部）		010-62514148（门市部）
	010-62515195（发行公司）		010-62515275（盗版举报）
网　　址	http://www.crup.com.cn		
经　　销	新华书店		
印　　刷	天津中印联印务有限公司		
开　　本	890 mm×1240 mm　1/32	版　次	2023年8月第1版
印　　张	5.125　插页 1	印　次	2023年8月第2次印刷
字　　数	92 000	定　价	59.00元

版权所有　　侵权必究　　印装差错　　负责调换

译者序
PREFACE

是不是只有逻辑学家才会进行逻辑思考?非也!对于任何能够思考的个体而言,往往无意识状态下的一个判断,就已经成就了一次有效的逻辑思维活动。比如,当你看到文森特·梵高的名画《翠鸟》,你会想到什么?恐怕即使之前不太熟悉翠

翠鸟 文森特·梵高油画

鸟，看到它的长嘴和它的生活环境（水边），有些人也会冒出这样的想法：它擅长捕鱼！

从一幅图得到一个想法的思维过程，就是地地道道的逻辑思维过程。这个过程也叫**推理**过程。那么，这个推理在我们的头脑中是如何进行的呢？

如果我们把推理过程补齐，那它包括以下两个子推理：

（1）这只翠鸟的鸟喙细长而锋利；
<u>喙细长而锋利的鸟都擅长捕猎活食；</u>
这只翠鸟擅长捕猎活食。

（2）这只翠鸟擅长捕猎活食；
它生活在浅水边；
<u>浅水活食主要为鱼；</u>
这只翠鸟擅长捕鱼。

（1）为推理的第一个子过程。翠鸟有一个非常醒目的特征，那就是它的喙细长而锋利，欣赏这幅画作的人都不会错过这个细节。结合关于鸟喙形状的常识，即"喙细长而锋利的鸟都擅长捕猎活食"，我们可以得出关于它猎食习性的结论——它擅长捕猎活食。然后，以这个结论作为前提做第二个子推理（2）。结合我们对周围环境的观察，这只翠鸟落在芦苇枝上观察猎物，此为浅水边，辅以"浅水活食主要为鱼"这一常识，最终可以

译者序

得出这只翠鸟更具体的猎食习性——它擅长捕鱼。这两个子过程便属于**演绎推理**，即从一般（所有喙细而长的鸟都擅长捕猎活食）推导出特殊（这只喙细长而锋利的翠鸟也擅长捕猎活食），这就是著名的"**三段论**"推理（第 16 ~ 17 章）。

在北京动物园鸣禽馆旁边就经常有翠鸟出没，那里总是有很多观鸟爱好者架着长枪短炮严阵以待。根据他们的观察，翠鸟无论大小雌雄，喙都长得像一把鱼叉，又细又尖。在那里，每天都会上演捕鱼大戏。因此，观鸟者基于对不同翠鸟个体的观察，认为翠鸟都擅长捕鱼！这就是我们的思维经常会做的另一种推理——**归纳推理**（第 11 ~ 14 章）。在这个过程中，人们从（若干个）个例推导出一般性。

"翠鸟"的英文是"kingfisher"，翻译过来就是"捕鱼者之王"，它们在我国民间还有一个名字——鱼狗，这些似乎都说明，全世界关注过翠鸟的人们都有过这样的观察，做过这样的归纳推理。

既然推理无处不在，那么如何才能进行正确的推理呢？为了获得正确的结论，在这样的推理过程中我们还应该问很多问题，比如，如何从"翠鸟"正确抽象出关于翠鸟的"概念"？如何通过关于翠鸟的观察、假设，得到关于翠鸟的正确"判断"？如何从若干个相关的正确判断，进行正确的推理？等等。

逻辑思维经典入门
THE ART OF LOGICAL THINKING OR THE LAWS OF REASONING

对这些问题的答案，就搭建起了逻辑学的基本框架。

逻辑学研究思维的**基本形式**，包括**概念**、**判断**和**推理**（概念形成判断，判断组成推理），以及**基本规律**，即什么样的推理是正确的推理。

这本《逻辑思维经典入门》就是系统讨论如何正确推理的一本书。我们尝试着画出了本书的结构导图（图0–1），从中你可以清楚地看到正确推理的相关内容。

在引言中，作者生动地讲述了推理和思维的关系，回答了为什么书名叫作《逻辑思维经典入门》、内容里却要通篇讨论"推理"这个问题。第1章最重要，作者阐释了推理的四个步骤（抽象→概括→判断→推理）和两种推理类型（归纳推理、演绎推理），由此给出了全书的骨架。之后从第2章到第16章，作者一直在围绕这个骨架，逐一展开讨论，把"推理"抽丝剥茧，一步一步地展现在读者面前。在第17章中，作者还补充了前面没有提到的第三种推理——类比推理。基于前面提到的三种推理类型，作者在最后一章（第18章）列举了推理中常见的各种谬误，作为全书的总结。读者心里一旦有了这样一幅图，就比较容易理解本书的内容安排及其内部逻辑了。

至于文字撰写的方式，作者十分贴心。他尽量避免了逻辑本身令人望而却步的技术细节（只有三段论部分涉及一些），多

译者序

第2章 形成概念：推理过程的第一步
第3章 我们如何使用概念
第4章 概念不同于图像，不能被图像化
第5章 词项：演绎推理的第一阶段
第6章 词项所未表达的含义

第7章 做出判断：推理过程的第二步
第8章 形成命题：演绎推理的第二阶段
第9章 直接推理：最简单的推理形式

第10章 从特殊推出一般
第11章 归纳推理第一步：初步观察
第12章 归纳推理第二步：提出假设
第13章 归纳推理第三步：验证假设

第14章 演绎推理：从普遍发现特殊
第15章 三段论：逻辑严谨的论证
第16章 三段论的三个变体

第17章 类比推理：从特殊推出特殊

第18章 谬误：我们经常掉进去的陷阱

抽象
概括
判断
推理

归纳推理：从个别到一般
演绎推理：从一般到特殊
类比推理：从特殊到特殊

推理过程

推理类型

引言 人人都会推理，但未必会正确推理！

第1章 正确推理的四个步骤

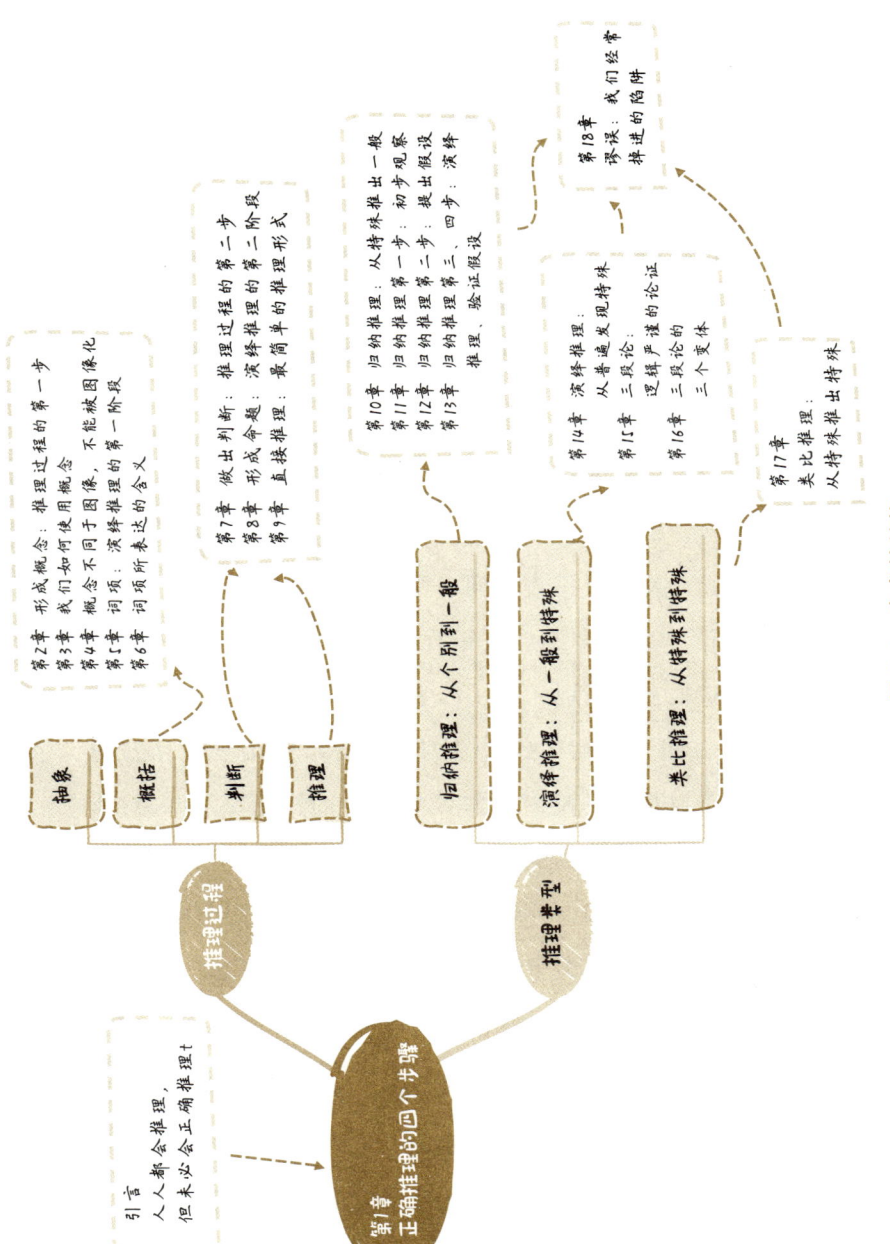

图 0-1 本书的结构

v

采用哲学思辨的方式，用精简的文字介绍逻辑思维相关的基本知识点，探讨它们是什么、不是什么，学者们怎么说，以及我们能够得到什么样的结论。这个过程本身也展现了一种思辨。在翻译的过程中，为了让读者能够体会这种思辨的美，我也对原文做了很多处理，如注重知识体系讲述时前后的连贯性，在文中适当补充相应的隐藏知识［以（）形式或者译者注的形式给出］。

我深知逻辑之艰深，但也时常感动于它的简洁与优雅。我也是一名读者，最怕阅读充斥翻译腔的拗口译著。所以在翻译这本书的时候，我心里一直在问自己，如果我是读者，会不会有良好的阅读体验？会不会忘记译者的存在，全身心投入在正确思维的旅程上？所以，除了以上对知识体系的处理，我们还做了其他一些无声的工作：（1）对于各章中出现的比较重要的概念，予以加粗，随时提醒读者作者的讨论重点与意图；（2）为书中出现的人物名称增加了译者脚注，介绍了人物身份、主要成就，读者只需向注脚处随意一瞥，便可扫平陌生名字对理解的障碍；（3）对于书中涉及原语言中隐含的文化背景，做了显性处理等。

虽然本书已经尽量翻译得通俗易读，但是它毕竟囊括了逻辑思维的基本体系，知识点较为密集。所以，与文化娱乐类书籍不同，仅仅依靠阅读恐怕不能达到最好的效果。我建议每一位亲爱的读者阅读后要有意识地去实践。比如，阅读每一章的时候，做一做思维导图，帮助厘清思路；而每一章阅读之后，在日常思考与论证时，也要有意识地践行。唯有如此，才能读以致用、精进思维。

这次逻辑之旅对我来说是一次愉悦的体验，希望正在阅读此书的你也可以收获颇丰。在此，我想感谢协调翻译工作的魏宁、高瑞霞，感谢出版社的编辑为本书付梓所做出的努力。我还要感谢我的学生毋晟姚，她帮我通读了译文，就部分细节提出了很好的建议。

满海霞

目 录
CONTENTS

引言　人人都会推理，但未必会正确推理 / 1

第一部分　推理的基本形式和过程

第1章　正确推理的四个步骤 / 9

第2章　形成概念：推理过程的第一步 / 15

第3章　我们如何使用概念 / 24

第4章　概念不同于图像，不能被图像化 / 32

第5章　词项：演绎推理的第一阶段 / 38

第6章　词项所表达的含义 / 50

第7章　做出判断：推理过程的第二步 / 57

第8章　形成命题：演绎推理的第二阶段 / 63

第9章　直接推理：最简单的推理形式 / 70

逻辑思维经典入门

THE ART OF LOGICAL THINKING OR THE LAWS OF REASONING

第二部分　推理的类型

第 10 章　归纳推理：从特殊推出一般　/　79

第 11 章　归纳推理第一步：初步观察　/　85

第 12 章　归纳推理第二步：提出假设　/　91

第 13 章　归纳推理第三、四步：演绎推理、验证假设　/　96

第 14 章　演绎推理：从普遍发现特殊　/　104

第 15 章　三段论：逻辑严谨的论证　/　112

第 16 章　三段论的三个变体　/　120

第 17 章　类比推理：从特殊推出特殊　/　129

第 18 章　谬误：我们经常掉进的陷阱　/　134

附录一　文中人名检索　/　147

附录二　术语检索　/　148

引言

人人都会推理,但未必会正确推理

推理是指"人类运用理性思维进行推断的行为、过程或者艺术;是在论辩中能够运用理性思维的一种能力;是思维进行论证和推导的过程或者能力;它存在于辩论、论辩与交流之中"。斯图尔特[1]认为,"'**推理**'这个词远不能精准表达其所指含义。在日常语境中,我们用它表示人们区别真与假、对与错的能力,通过它,我们能够把各种方法结合起来达到某种说服性的目的。"

通过思维的推理能力,人们可以对比大脑所感知到的对象,形成感知或者概念,然后将这些思维的"原材料"编织成更复杂、更精美的思维结构,从而得到我们所说的"真理"。真理是

---

[1] 本书作者没有说明是哪位斯图尔特,我们认为很可能指苏格兰著名哲学家、数学家杜加尔德·斯图尔特(Dugald Stewart,1753—1828)。杜加尔德·斯图尔特是18到19世纪欧洲最有影响力的学者之一,他对当时及后世许多年轻思想家具有非常大的影响,很可能也包括本书作者(1862—1932)。——译者注

抽象且普适性的思想。布鲁克斯[①]说，"推理是大脑的思维能力，它是人脑的官能，能够赋予我们**思想型知识**。思想型知识有别于**感官型知识**，它好比人脑各种官能的总设计师，将感官所提供的各种材料……转化为新的产品。利用这些新产品，我们建立起科学和哲学的殿堂。"他还进一步补充，"转化得到的新产品有两种，一种是**想法**，一种是**思想**。**想法**是思维的产物，用语言表达出来时并不是在陈述一个命题，它没有真假之分；**思想**也是思维的产物，但它涉及两个或多个想法之间的关系，这种关系涉及真假。想法大致分为两类：抽象的想法和普遍的想法。思想大致也可以分为两类：符合偶然真理的思想和符合必然真理的思想。从特殊事实出发得到的**事实**（未经推理的直接判断）和**普遍真理**（包括**规律**、**因果**）都是符合偶然真理的思想；**公理**（不言自明的真理）和**定理**（即从公理和真理推导出来的真理）则是符合必然真理的思想。"

在介绍逻辑推理的过程时，我脑海里不停地闪现莫里哀[②]的《贵人迷》这部喜剧芭蕾舞剧中的一句话，主角汝尔丹"讲了40

[①] 爱德华·布鲁克斯（Edward Brooks，1831—1912），美国教育家，他于1896年在《学校杂志》发表的一篇文章中提出，孩子的"好奇心"就是孩子渴望学习知识的天性表现，所有此类基于感官的活动最后都会成为知识，属于感官型知识（sense-knowledge）。感官型知识在某种意义上是形成思想型知识（thought-knowledge）所必备的部分，后者是人类进行抽象和探索真理的阶梯。——译者注

[②] 莫里哀（Molière，1622—1673），法国喜剧作家、演员，代表作有《伪君子》《唐璜》《悭吝人》等，与皮埃尔·高乃依、拉辛合称为法国古典喜剧三杰。——译者注

引言 人人都会推理，但未必会正确推理

年的话，却对讲话一无所知"。我们以思维进行推理的过程不也是一样吗？杰文斯[①]说："99%的人如果知道自己的头脑里始终在将事实转化为命题（即将事实转化为对事实的判断），在进行三段论推理，知道自己经常会陷入谬论，也在不停地构建假设、利用属种等知识进行分类，那么他大概也会表现得同样错愕。如果你问这些人'您认为自己是逻辑学家吗'，他们恐怕都会否认。的确，对于大部分人来说，即使受过良好的教育，他们也不太清楚逻辑到底是什么。然而，在某种意义上，我们每一个人自从学会了说话，就都是逻辑学家。"

因此，当我们请你一同欣赏推理的完整过程时，我们并未假设你的推理经历为零；恰恰相反，你在与周围每个人的联系之中，在自己的成长过程中，一直都在从事推理活动。所以，我亲爱的读者朋友，你是否做过推理并非问题的关键，关键在于你是否能够正确地进行推理。推理人人都会，但大部分情况下，并非人人都能正确推理。许多人进行推理的方式和根据既不正确也不科学，因此无法做出正确的推理。有不少作家提到过，大部分人甚至连基本正确的推理都做不到，因为他们竟然用荒谬出奇的想法作为支撑自己论断的证据。这些作家的说法可能有些偏激，但是我们确实经常发现，人们会找些不能解释

---

① 威廉·斯坦利·杰文斯（William Stanley Jevons），英国著名经济学家、逻辑学家。——译者注

和支持某个事实和想法的证据来解释和支持这个事实和想法。一个想法，只要有所谓的权威出面肯定，人们就会视其为真理，不管这个想法本身有多么荒谬。即使最不合逻辑的想法，只要在郑重的场合由权威人士宣布，都可以毫无争议地被接受，尤其在宗教和政治领域，"明星效应"屡见不鲜。似乎只要领袖首肯，追随者就趋之若鹜。

想要正确地推理，仅有优秀的智力还不够。比如一名运动员，他可能身体比例好、体型标准、肌肉匀称，但只有学会如何锻炼自己的肌肉并充分利用它们，他才有可能战胜与他同级别的对手。同理，一个人如果想正确推理，就必须先提高自己的思维水平，同时还要学习使用思维推理的艺术，否则就是在浪费自己的思维能量。（一个人如果没有接受过逻辑训练，）在论辩或辩论中一旦遭遇学习过逻辑技巧、训练有素的对手，那他轻则处于下风，重则一败涂地。如果你看到过两个同样聪明、同样出色的人进行辩论或争论，其中一位有逻辑素养而另一位从来没有接受过逻辑训练，那你肯定不会忘记两个人在实力上所展示出的悬殊差距。就像一个没有受过专业训练的摔跤手对战一个成熟的摔跤手，虽然他孔武有力，但不懂得摔跤的技巧、扭摔的科学，不懂得什么时候在什么地方用力以及如何用力；也像一个肌肉发达却没有受过专业拳击训练的大块头对战一位训练有素、经验丰富的摔跤手。凡是对抗，胜负早已注定。因此，在掌握正确的逻辑推理艺术之前，谁也不应该躺在功劳簿上自鸣得意；否则，他将在为成功而角逐的赛场中被沉重的镣铐铐住手脚，拱手将优势让给他人，让给那些智力甚至不及他的人。

对此，杰文斯认为，"掌握扎实的逻辑知识比成为一名优秀的运动员更有价值。因为逻辑教我们如何推理，推理赋予我们知识。培根有言，知识就是力量。作为运动员，我们再快，也快不过马和老虎，快不过猴子。但是有了知识，我们就能骑马射虎驯猴。再瘦弱的身躯，只要以逻辑思维武装头脑，就会取得胜利。因为有了逻辑的加持，他能够预见未来，计算行为的结果，避免犯下致命的错误，发现更好的做事方法，将不可能化为可能。如果那些小小的生物，比如蚂蚁，拥有比人类更强大的大脑，那它们要么会消灭人类，要么会让人类沦为它们的奴隶。的确，我们用眼睛耳朵可以获得感官型知识，但是猎食性动物也能获得这样的知识，真正使我们强大的是更深层次的知识，我们称之为'科学'。人们可能穷其一生都没有真正了解他们所看、所听之本质。推理正是思维的眼睛，它能帮助我们明白一切为何如此，各种事情在何时是否会发生以及如何发生。逻辑学家致力于解码的正是这些赋予人类特殊力量的推理背后的规律。如前所述，所有人都免不了要做推理，但推理的效果有好有坏。作为推理的科学，逻辑能教我们区分通向真理的好的推理和日常会使人犯错的不好的推理。"

本书希望能够以通俗易懂的方式给出正确进行思维推理的方法和原则，尽量避免无关的技术性细节和过于学术性的讨论。我们主要坚持心理学派确立的推理原则，辅以新派心理学的一些核心原则。因此，本书可能不适合做专业教科书，因为我们的目标是向一般读者介绍推理。很多人对推理感兴趣，但是他们没有时间了解或者不愿意了解相关的技术细节或学术讨论，这本书则给他们提供了一个了解推理的机会。

第一部分

推理的基本形式和过程

THE ART OF LOGICAL THINKING

OR

THE LAWS OF REASONING

第 1 章　正确推理的四个步骤

推理的过程大致可以分为四个步骤。

第一步是**抽象**。这是从一个对象中抽离或者剥离出某种性质或属性，并将其作为思想对象的过程。比如，如果我看到一头"狮子"，我会觉得它"威风凛凛"，"威风凛凛"就是它的性质；但我也可以脱离本体"狮子"去抽象地思考和考量"威风凛凛"这个性质，这时"威风凛凛"对我来说就具有实在的心理意义，这个心理意义独立于它的本体"狮子"。从"狮子的威风凛凛"到"威风凛凛"，我实现了对性质"威风凛凛"的抽象，这个思维的过程就是抽象的过程，思维获得的想法就是抽象的想法。有些学者认为，抽象的想法是真实存在的，"不是基于想象虚构出来的"。布鲁克斯拿玫瑰花做比。他说"玫瑰虽已凋零，其娇艳与香气，萦绕回荡"，正是这个道理。其他学者则认为，抽象是一种思维关注于某事某物的行为，是一种关注事物的某一特定性质而忽略其他性质的行为。当然，首先我们必须有关于具备某个特征的事物的想法，否则这个抽象的想法也不存在,"皮之不存,毛将焉附?"威廉·汉密尔顿(William Hamilton)爵士说:"我们可以把注意力铆定在某个事物的某个模态上,比如气味、颜色、形状、大小等,然后将这个模态与其他模态剥离开来(姑且称之为'模态抽象')。"至此,我们讨论的抽象都是针对个体的性质抽象,因此是特殊抽象。我们还可以做普遍抽象,即基于概括的抽象。抽象与概括的关系是充分但不必要的。抽象是概括的基础,概括需要依赖于做这个概括所假定的抽象。但抽象不必然与概括相关,抽象的过程不一定非要做概括。

第二步是**概括**。概括是形成"概念"或者"普遍想法"的过程。在充分理解各种对象之间的共同特征之后,将这些特征综合起来形成一个包含所有共同特征的想法或观念的过程被称为概括。"普遍想法"或"概念"不同于特殊想法,因为一个概念具有它所包含的各种特殊想法的特征,所以这个"概念"既适用于它所包含的任何特殊想法,也适用于由特殊想法组成的那个类。比如,有人产生了关于一匹马的特殊想法,那么这个特殊想法仅适用于这匹马,不适于"马"这个类;他也可以对于"马"这个类产生一个关于马的普遍想法,一个在类或者生物学意义上的概念。这种普遍想法不仅可以用来指任何一匹具体的马,还可以指马这个生物学类别。对概括的表达,我们称之为"概念"。

第 1 章　正确推理的四个步骤

第三步是**判断**。判断是一个做比较的过程，通过对比两个对象，获得二者的相同点与不同点。比如，可以对比"马"和"动物"这两个概念，从二者的相同点做出判断；也可以比较"马"和"牛"，基于它们之间的不同做出判断。对判断的表达，我们称之为"命题"。

- 马是动物。
- 马不是牛。

第四步才是真正的**推理**。这个过程也是一个做比较的过程，我们会将两个对象与第三个对象进行比较，通过它们之间的关系做进一步判断。因此，可以如下所示，从 a 和 b 两个命题推理获得第三个判断命题 c，形成一个完整的推理：

- a. 所有哺乳动物都是动物。
- b. 马是哺乳动物。
- c. 因此，马是动物。

上述推理过程得到的结果是"马是动物"。因此，推理最根本的原则蕴含在两个思维对象与第三个对象的对比之中。这个推理过程中展示的三段论形式是推理最自然的表达形式。

后面我们会看到，以上四个推理步骤都会用到"分析"和"综合"这两个过程。"分析"是将一个思想对象分解成各组成

11

部分、各种性质和关系的过程。"综合"恰恰相反，是将一个思想对象的各种性质、所涉及的各种关系和各组成部分组合成一个有机整体的过程。这两个过程贯穿推理的全过程。比如，抽象主要属于分析；概括主要属于综合；判断可以属于分析，也可以属于综合，或者二者兼而有之；从特殊到一般做"归纳"的时候，推理属于综合，从一般到特殊做"演绎"的时候则属于做分析。

因此，推理包括两大类：一个是从特殊真理获得普遍真理的**归纳推理**，一个是从普遍真理获得特殊真理的**演绎推理**。

归纳推理是从诸多特殊真理中发现某个普遍真理的过程。比如，看到人一个一个死去，我们发现了"凡人皆会死"的普遍真理；又如，因为在所有的观察中，冰在达到某个温度时都会融化，我们做归纳推理，就获得了"冰在达到某一温度时会融化"的普遍真理。归纳推理是从已知推得未知的过程，它试图从若干特殊事实中发现普遍规律，本质上是一个做综合的过程。

演绎推理则是从普遍真理获得特殊真理的过程。从"凡是人皆会死""约翰·史密斯是人"，我们可以推出"约翰·史密斯会死"；从"凡是冰，都会在达到某一温度时融化"，而"这块冰是冰"，我们可以推出"这块冰在达到那个特定温度时也会融化"。因此,演绎推理在本质上是一个分析性质的推理过程。

关于归纳推理,穆勒[①]认为,"先人的归纳方法是将已知的、在所有情况下都为真的命题当作普遍真理。培根指出过这种方法的缺陷,物理学发现也给出了相当多确切的反例,抨击程度更甚……因此(我认为)'归纳'应该是这样一种操作,通过它我们从一个或多个已知为真的个案推理出其在所有同类情况下都为真。更直观地说,归纳是这样一个推理过程,即在一个类中,已知对某些个体为真的,对此类中所有个体都为真;或者,在特定情况下为真的,在相同情况下始终为真。"

至于"演绎推理",有学者认为它"是一个从公认前提或既定前提必然推出某个结论的推理过程""公认前提或既定前提有很多个来源"。布鲁克斯指出:"有的来自主观直觉,如数学逻辑公理,有的通过归纳法获得……有的则只是一种假设,如物理科学中的发现。许多物理学假设和物理学理论都被当成一种普遍真理用作演绎推理的大前提,比如万有引力定律、光的理论等。勒维耶(Le Verrier)就根据万有引力定律预测出宇宙中某个位置有一颗新行星,而他的推理结果比人们用肉眼发现这颗行星要早很多年。"

[①] 约翰·斯图尔特·穆勒(John Stuart Mill),英国著名哲学家,他的《逻辑体系》堪称古典逻辑的集大成之作。——译者注

归纳推理和演绎推理唇齿相依。哈勒克[①]说:"人必须通过自己或别人的经验找到所要论证或所要得出的那个结论的大前提。通过使用归纳法,我们逐一审视对我们来说足够多的个案,然后得出结论,余下那些没有审视的案例也应遵循相同的规律……因此,通过归纳推理,人们获得了演绎推理的大前提。比如,在观察了足够多的奶牛之后我们得出结论'所有奶牛都反刍',并将其作为日后推理的前提。如果20年后我们再见到一头母牛,我们也可以期待它会反刍……因此,在使用**归纳法**于部分现象并获得一个大前提之后,我们继续推理。这时的推理则在使用演绎法,从这个大前提出发推出其他属于这个大类的新样本也具有同样的性质。"

在后面关于"演绎推理"的讨论中,我们再详细介绍"演绎推理"具体包含的步骤。

[①] 鲁本·哈勒克(Reuben Halleck),美国教育学领域划时代的人物,注重在公立学校开展大学入学预备教育。——译者注

第 2 章

形成概念：推理过程的第一步

既然要考虑思维的过程，首先我们就必须区分思维的几个阶段。只有仔细考察每个阶段，才能把各个阶段组合起来作为一个整体来理解思维的全过程。但是在实际的思维活动中，这几个步骤（或阶段）在我们的意识中又非泾渭分明。每个步骤与其前面或者后面的步骤（或者阶段）没有明显的边界，相邻步骤融合交叠，往往很难划分明确的界线。本章我们首先来看思维过程的第一个阶段——**概念**的形成。

概念是人脑对事物的心理表征。威廉·詹姆斯[1]教授说："**形成概念**是人脑的一种能力，用以标记、区分、突出和识别各种不同语域的对象。"形成任何一个概念都要经历以下五个步骤。

第一步，**展示**。我们首先需要感知一个（类）对象，才能

---

[1] 威廉·詹姆斯（William James），美国哲学家、史学家、心理学家，对美国心理学的发展产生了重要影响。

形成关于这个（类）对象的概念。因此，形成概念的第一步是概念所属的那个对象（类）必须首先以某种方式展示出来。比如，如果想形成"动物"这个概念，就必须首先感知一种或者几种动物——马、狗、猫、牛、猪、狮子、老虎等。因为看到过这些动物，所以我们的头脑中留下了某些印象，这些印象通过回忆再现给大脑，头脑中便形成了关于"动物"的概念。为了使"动物"这个概念更加完整，即涵盖其所有内涵，我们应该感知每一种动物，否则所获得的概念就不够完整，可能缺少某些因素。但这又是不可能做到的。因此，我们对任何事物基本上都不可能给出一个完备的概念。只是我们感知的对象越多，所形成的概念可能就越精准。

我们在上一章提到过一种观点，即抽象是一种思维关注于某事某物的行为。其实，思维关注对于形成清晰完整的感知也具有重要的意义和价值。对于任何事物，只有思维积极关注，才有可能获得关于它的清晰的感知；只有感知足够清晰，头脑才能对所感知的事物形成清晰的概念。诚如威廉·汉密尔顿爵士所言："思维的关注，即集中注意力于某事某物的行为，似乎对每一次运用意识的活动都非常必要，恰如每一次视觉活动都会一定程度收缩瞳孔一样……关注之于意识，就如瞳孔收缩之于视觉。关注延展了思维，是思维之眼，就像显微镜和望远镜延展了人类的肉眼，帮助我们看到了我们平时看不

第 2 章 形成概念：推理过程的第一步

到的细节……它构成了我们的一半智力。"本杰明·布罗迪（B. Brodie）爵士也认为："不同个体之间在思维上具有如此巨大的差异，是因为他们对事物的关注情况和关注程度不同，而非推理这种抽象的能力存在个体差异。"用贝蒂（Beattie）博士的话说就是："任何事物冲击思维的程度都与思维所给予它的关注程度成正比。"

第二步，**比较**。"展示"阶段之后是"比较"阶段。我们将"动物"这个普遍概念分成若干个子概念，每个子概念对应一种动物，然后将我们知道的所有动物都进行两两比较，猪与羊比、牛与马比等。通过比较，我们抽象出两种动物之间的相同之处，区分出它们的不同。比如，我们发现狼与狗相似度极高，狼与狐狸具有一定的相似度，但狼与熊的相似度极低。当然，狼与马、牛或者大象也有根本性的差异。我们还发现狼可以分为若干种类，种类与种类之间相似度极高，但也存在较明显的差异。越是仔细观察各种狼中的不同个体，我们发现的差异就越多。"做比较"的能力在归纳推理中最重要，因为它强调分析、分类和对比能力。福勒认为，能力比较强的人"能够从结论、科学事实以及支配科学事实的规律出发，清晰而准确地进行推理；能够从未知识别已知、通过事实间的不和谐来检测错误；这样的人在比较、解释、阐述、批评、披露等方面会显示出卓然的天赋"。威廉·詹姆斯教授也说："对区分而得的结果感兴趣，他就会越来越敏锐机智，而且更容易发现更多的差异。当然，除了个人兴趣，长期的练习和训练也可以造就出色的比较能力。无论个人兴趣还是长期训练，都能使思维发现细微的客观差异；不然的话，思维只能发现比较大的差异。

第三步，**抽象**。在心理学中，"抽象"指"从任何对象固有的众多特征中分离出某个特定特征的行为或过程，这个特定的特征是我们希望观察和反思的对象；抽象也可以指将意识从对众多对象的关注中抽离出来而专门集中于某个特定对象上的行为"。**抽象的过程**就是"做剥离"的过程。在我们考虑对"**动物**"这个概念进行抽象的过程中，我们会先对比两个物种之间、两个物种所包含的个体之间的相同与不同。之后，会继续考虑"动物"这个概念所包含的某个共有特征，而为达到这样的目的，我们会将我们想要考虑的那个特征与其他特征进行剥离，将其**抽象**出来放在一边。如果我们要考虑的是动物的体型，就将体型大小作为特定的特征从其他特征中抽象出来，仅根据体型大小对各种动物进行比较。这样，我们就只需要考虑各种动物的大小，并依此进行分类。同理，我们可以抽象出形状、颜色、习性等特征，将每一种特征剥离出来放在一边专门进行观察和分类。如果我们想研究一个事物的某个特征，那我们就可以把这一特征与事物的其他特征剥离开来。剥离过程可以一次完成，也可以分若干次，一次剥离一个特征，直到只剩下希望考虑的那个特征。在考察一类或者一定数量的某种事物时，我们首先抽象出它们具有的**共同特征**，中同时也会将它们之间**非共有**的特征剥离出来。

例如，在考虑动物这个大类时，我们抽象出一个许多动物共有的复合特征——哺乳、有袋；我们将具有这种特征的动物归为一类，命名为**有袋类动物**，包括负鼠、袋鼠等。因为有袋类动物的母体没有真正意义的胎盘，所以其幼崽都是严重的早产儿，出生时体型和身体都未发育完全，所以出生后仍会躲在母亲的育儿袋里继续发育，直到能够照顾自己。同样，我们可以抽象出**胎盘**的概念。胎盘帮助胎儿从母体获得营养，是连接胎儿与母体的重要器官。拥有成熟胎盘的动物被统称为**胎盘哺乳动物**[①]。通过抽象胎盘哺乳动物的特征或类别的相似性和差异之处，还可以将其细分为若干目：

- **贫齿目**，如树懒、食蚁兽、犰狳（qiú yú）等。
- **海牛目**，因海牛与传说中的"海妖"（英文名为"sirens"）形态极为相似，故而以"海妖"的英文名命名此目，包括海牛、海象、儒艮等。
- **鲸下目**，或鲸目，此类动物虽然外形似鱼，生活在水中，但胎生且哺乳，实为哺乳动物，包括鲸鱼、鼠海豚、海

---

① 即通常所说的"哺乳动物"。——译者注

豚等。

- **有蹄类**，如马、貘、犀牛、猪、河马、骆驼、鹿、羊、牛等。
- **蹄兔目**，拥有与有蹄动物和啮齿动物类似的牙齿，以岩兔为主要代表。
- **长鼻目**，以各种象属为代表。
- **食肉目**，包括各种亚科和属种。
- **啮齿目**，代表动物为松鼠、老鼠。
- **食虫目**，以昆虫为食，如刺猬、鼹鼠等。
- **翼手目**，前肢为翼，以蝙蝠为代表。
- **狐猴亚目**，具有猴子的普遍外观，同时长有毛发浓厚的长长的狐狸尾巴。
- **灵长目**，包括猴子、狒狒、人猿、长臂猿、大猩猩、黑猩猩、红毛猩猩和人。

上面的哺乳动物的每一个分类都具有其分类所具有的**共同特征**，使其区别于其他分类，成为独立的目。在考虑该目动物时，这种特征就是被抽象的对象。"目"还可以再做更细致的抽象和划分，分为更小的子类。如，**食肉目**可以进一步抽象为海豹、熊、黄鼠狼、狼、狗、狮子、老虎、豹等子类。当然，从食肉目到具体动物类别的抽象中还可以再做一个层次的抽象，即把狼、狗等先抽象为犬科动物，把狮子、老虎、豹等先抽象为猫科动物。

哈勒克认为，在"抽象"的过程中，我们的注意力会避开大量令人迷惑的细节，只关注类属共有的特征，那些细节在那时那刻并不重要。抽象就是要将注意力集中在某些特征上，排除其他特征的干扰。

第四步，**概括**。"抽象"孕育了"概括"。**概括**确切来说是指"推而广之、使其泛化的行为或过程；它将几个在某一点上一致的对象纳入同一个属种、类别；是一个从个别推广到一般、把分类缩减到同一个属种的过程。概括将某一特殊事实或一系列事实与更广泛的事实联系起来"。正如博灵·布鲁克（Boling Broke）所说："因此，大脑会从最熟悉的开始到不够熟悉的，尽力**概括**其想法。"在讨论概念形成的第三部分，即抽象部分时我们已经看到，通过"抽象"，我们可以在物种上面"概括"出更抽象的**科**，物种和科之间可以归纳出**亚科**。同理，亚科再做分类即为不同的物种，再分就是不同的个体；反过来，亚科向上做抽象就获得了科、目、纲、门，抽象程度依次增强。本质上，概括就是分类行为，即将具有某些共同特征或属性的所有事物归成大类。由此，我们可以得出一个引理：**共同属于某个广义类的所有事物都必须具有该类事物所共有的特征或属性**。因此，**食肉目**下的所有动物都是肉食动物；**哺乳动物**都有乳房以哺乳幼崽。诚如哈勒克所言："我们将所有具有相同特征的事物归入相同的**属**或**类**。只要考察的对象属于这个属，我们就知道它们拥有这个属中个体共有的那些特征。"

第五步，**命名**。紧随"概括"或"分类"阶段之后的是"命名"阶段。**命名**指"给事物指定名称的行为"。名称是一种符号，通过它我们可以联想到熟悉的事物，不需要每次思考都形成清晰的心理表象（心理学称之为"心像"）。命名就好像给事物贴了一个**标签**，或者可以把它们想象成 a、b、c、x、y 等数学符号，帮助我们轻松快速地完成复杂计算。有了这些符号，我们不必每次都诉诸冗长的语言描述或者调用关于它的心像。对我们来说，每次想到"马"，相比去想关于马的完整定义或者回忆马的心像，直接想"马"这个词显然要容易得多。就好像如果包装或瓶子上有标签，瞥一眼标签来确定瓶子里装了什么肯定比仔细看里面的东西更简便。霍布斯[①]说："我们使用一个词的时候，可以把它当作一个标记，代表我们脑海中产生的一个想法，就像我们以前有过的许多想法。当我们把这个词说给他人时，对于听话的人来说这个词也是一个符号，可能是他之前有过或者没有过的一个想法。"穆勒认为："名称就是一个（或一组）词，它有双重作用：一为标记，帮助人们回忆起之前有过的某个相似的思想；二为符号，使他人直接获得这个思

[①] 指英国政治哲学家托马斯·霍布斯（Thomas Hobbes），现代自由主义政治哲学体系的奠基人。——译者注

想。"总而言之，有些哲学家认为名称是**我们对事物的想法的象征**，不代表事物本身，但很多哲学家则认为名称就是事物本身。后面我们也会看到，名称的价值在很大程度上取决于其使用者是否能够赋予其正确的含义并能正确理解。

第 3 章

我们如何使用概念

了解了概念的形成步骤之后，接下来就要考虑如何使用概念，如何避免概念误用的问题。概念还会被误用吗？乍看上去，这似乎不太可能。但稍加思考就会发现，人们经常会在概念的使用上犯错误。

比如，一个小孩看到一匹马、一头牛或者一只羊，然后听到长辈用**动物**这个词项来指示它，这个小孩很可能会认为当时指示的那匹马、那头牛、那头羊就是"动物"的内涵。当然用"动物"来指示这几种动物本身没有任何问题，它们只是相对于实际指称"马、牛、羊"来说更宏观、更概括，是范畴更高的分类。小孩子对于"动物"与"马""牛""羊"谁更宏观、谁更详细没有任何概念，大人用"动物"来指代这些动物，那么对于小孩子来说，"动物"就是当时指示的那些狗、牛、羊、马。当大人使用这个词项指示某种特定的动物时，孩子就会认为所有动物都是他所看到的那种动物的样子。之后，如果有人用"动物"指示其他生物，小孩就会想怎么概念不符？然后就

第 3 章 我们如何使用概念

会产生混乱；反过来，如果这个词项被用小了，也会产生同样的问题。当孩子听到有人叫獒犬"狗"时，会将"狗"这个概念与獒犬的各种特征做匹配。之后，如果听到有人用"狗"指示玩具小梗犬时，小孩可能会愤愤不平，甚至大吵大嚷，坚持认为小梗犬不是"狗"，是其他完全不同的东西。只有孩子明白在"狗"这一大类下有很多种类之后，他才算真正理解了"狗"的内涵，同时其头脑中也会形成相应的恰当的概念。这就体现了"展示"步骤对于概念判定的重要性。

同样，这个孩子可能会因为他熟悉的人长着红头发、长胡须，由此认为所有人都有红头发、长胡须。那么他在形成"人"这个概念时，始终会将红头发、长胡须作为"人"的区别性特征。有位学者的一段话很符合这里对概念的误用：读过当代法国文学的人可能会认为英国男人都是矮个子、圆墩墩、红脸颊、暴脾气的家伙，英国女人都是大龅牙、大脚丫；读了英国文学的人可能会觉得法国男人都是猴子样貌，法国女人都是卖弄风情的可怜女子。同样，很多美国年轻人可能认为英国男人张口闭口就是"Don't you know"（你知不知道……），英国女人则动不动就来一句"Fancy！"（太妙了！）。还有，英国人都戴着一副单片眼镜。同样地，那些读过英国作家写的廉价小说的英国年轻人很可能觉得美国人都是大长腿、大鼻子、下巴蓄须、喜欢偎在椅子里双脚搭在壁炉架上斜身后仰，满口"Waal, I want

25

to know"（哇，我想知道）、"I reckon"（我认为）、"tell"（不会吧）。东方人脑海中形成的"西方人"的概念，西方人脑海中形成的"波士顿人"的概念，也都是如此。20世纪以前，东方人大多最远只到过美国纽约州西部伊利湖东岸的布法罗，没有再往西去，他们头脑中形成的"西方人"的概念同样有局限；而西方人头脑中形成的关于波士顿人的概念，大概也是餐餐都吃烤豆子，两餐之间读布朗宁和爱默生的书。

哈勒克指出："一个10岁的挪威孩子在他关于'人'的概念里，会牢牢嵌入'皮肤白'这个特征。如果哪天他初见黑人，恐怕会拒绝称之为'人'，直到这个黑人的其他特征与'人'一致，才会迫使挪威孩子修改他对'人'的定义，去掉'皮肤白'这个指标。如果那个孩子再看到印度人或者中国人，恐怕还要对自己对'人'的概念再做修正。再如，如果有一个6岁的小姑娘，在她的生长环境中所有男人（她的父亲和兄弟）都酗酒，'酗酒'这个特征就会牢牢地包含在她对'男人'的概括中。如果一个男孩直到十几岁时对'人'的定义中都有'诚信'这个特征，一直都认为人犯错不是因为他想犯错，而是因为无知，只要犯错的人明白自己走错了路，就可以改变自己的行进方向而走到正确的道路上。如果有一天这个男孩听说一位富翁在年迈的母亲弥留之际未能伴其左右悉心照料，这个男孩很可能会认为，富人是因为对母亲的病情并不知情才未予以陪伴的。如果

第3章 我们如何使用概念

之后小男孩去告诉富翁他母亲病重时,却被富翁警告不要多管闲事;同一天,小男孩又听说了另外一件事,有政客故意欺骗市政府签订了某个合同,恐怕他会立即修订自己对'人'的概念定义。事实上,我们头脑中的大多数概念会随着我们的经历而产生改变,这种改变会持续我们的一生。最初的修正只是试探性的,之后随着我们的经验逐渐积累,到某一时刻,我们会被告知概念有误,哪儿抽象多了,导致这个类划得太宽;或者哪儿抽象少了,使这个类又划得太窄了;或者这儿有个特征,应该添加或者删除。"

我们再来考虑一下形成概念和使用概念时所涉及的心理过程。对于一个概念,现在我们已经有了它赖以形成的原始材料,它以某种形式展示了出来。因此,我们的注意力被吸引到了它的具体对象上,开始关注它的品质和特征。然后,我们开始将这个感知的对象或者感知此对象的过程与我们头脑中的其他对象或者想法进行比较,考察它们的相同与不同之处,与相似的对象建立同一分类,同时排除不同的对象。在这个过程中,感知其他对象的范围越广,新对象(或新想法)与其他对象之间建立的关系就越丰富。随着我们积累的经验和知识越来越多,对象和思想的关系网络将变得愈发错综复杂。比如,成年人头脑中的"马"的概念会比孩子头脑中"马"的概念复杂。

概念形成之后,我们进入下一步——分析。人们进行分析时，会剥离思考对象的各种特征，具体考察每一种特征。"抽象"即"分析"。再之后，我们进入"综合"的步骤，将通过比较和分析收集到的材料聚合在一起，形成关于思维对象的一个大致的想法或概念。在这个过程中，通过比较和分析识别出的各种特征被放在一起形成特征簇，这些特征簇被捆绑起来，实现真正的概念化。因此，从马这个最一般性的概念出发，我们首先会注意到这种动物具有与某些动物相似的特征，同时又具有其他动物所不具备的某些特征；然后通过比较识别，开始分析马的各种特征，直到对马的各个部位、特征和品质有了清晰且有区别性的认识；之后再做综合，将上述特征统合到一起，最终形成一个包含马的所有特征的、**使马之为马**的清晰的**普遍概念**。当然，如果之后我们发现马还有其他特征，也会再把这些特征加入前面做综合得到的概念中。这样，我们关于**马**的概念也得到了扩展。

但是，上述在形成和使用概念过程中所提及的若干步骤在我们的意识中并非泾渭分明的不同动作，因为概念的形成和使用主要是在潜意识中进行的，是一种本能行为，尤其是那些有相关阅历的个人，会在直觉和潜意识中直接形成和使用相应的概念。一般情况下，只是潜意识悄悄地注意到概念的各种细节，这个过程与人们主动完成某项任务不同，后者是一种主动性的、有意识的行为，比如做某项研究，人们会将所要研究的对象从

第3章 我们如何使用概念

无意识区域调至主动范畴区域。在概念形成和使用的过程中，各个步骤密切相关、相互交织，以至于有些学者竟就两个步骤谁先谁后争论不休。

比如，**比较**和**分析**这两个步骤，哪个在前哪个在后？有人坚持分析必须先于比较，不先分析所要比较之物，那如何进行比较呢？有人则认为比较必须先于分析，一个人如果不去思考研究一个对象与其他对象在特征上的异同，又怎么能获得对象之间的共同特征或者区别特征？那么，真相到底是什么？似乎介于这两种想法之间。因为在有些情况下，在分析或抽象之前察觉相似或不同；而在另一些情况下，分析或抽象似乎在做比较之前。本书将采取目前最权威的思路，即认为先比较再分析。但对大多数学者来说，比较与分析孰先孰后仍然没有定论。

我们看到，一个普遍概念一旦形成，大脑就会立即将这一概念与其他与其有某些共同特征的普遍概念进行对比和分类，同时从这个概念出发向上做概括，假定某些类具有某些特征。这样，我们会向上继续做概括和分类，每次都包括一些不明显的相似之处，直到最后划出的类恰好将考察对象与其他对象放在一起。这个类一方面要尽可能大，没有对这些对象做不必要的区分；另一方面又应尽可能紧致且小，没有纳入不需要纳入这个子类的对象。正如布鲁克斯所说："概括是一个上行的（抽象）过程。广义概念高于狭义概念，概念高于感知，普遍概念高于特殊概念。这样，我们就从特殊上升到普遍，从感知上升到概念，从低阶概念上升到了高阶概念。所以，从一众特殊对象开始，我们通过概括上升到关于它们的类的普遍概念。在形成了许多低阶的类别之后，我们对这些低阶类别进行比较，就像前面所说对个体进行比较一样，然后将它们概括为更高阶的类。对这些更高阶的类，我们再做比较分析，如此往复向上，直到达到最高阶的类——**存在（being）**。攀到概括的山顶后，我们再顺着当初的上山之路，将过程反过来，一路下行。"

通过**概括**或**综合**，我们从更具体的简单概念获得**普遍概念**。之前的一些学者会区分普遍概念和简单概念，将简单概念称为"概念化"的概念，用"概念"特指普遍概念（不过他们的区分并不影响我们的讨论）。布鲁克斯也说过："概括的产物是叫作**概念**的普遍想法。我们已经讨论了形成概念化的概念的方法，现在考虑的是概念的本质……使用任何一个概念，其实就是在使用一个普遍概念。那个概念是一个普遍的、一般性的想法，其中包含了它所在的类共有的特征。它是一个通用的方案，涵盖该类中的所有个体，但在任何方面与所涵盖的个体又都不同。因此，所有关于四足动物的概念化的概念都包含在所有的四只脚的动物中，但它在任何方面都不同于某个（种）特定的四足动物；关于**三角形**的概念化的概念包含在所有三角形之中，但在细节上与任何具体的三角形都不一样。普遍概念不能与任何特定对象完全契合，但它包含在具体的个体之中。想想马、鸟、颜色、动物等概念，即可明白这个关系。"现在我们大概可以体会**概念**和**心像**之间的区别与差异。对于初学者来说，有两件事往往是最难理解的，一是概念与心像之间的区别，一是概念无法被图像化这一事实。但是，清醒地认识到概念与心像之间的区别，以及概念无法被图像化的事实这一事实又极其重要。因此，在接下来的一章中，我们将对如何区分概念与图像做进一步的深入探讨。

第 4 章

概念不同于图像，不能被图像化

上一章我们提到，概念不能被图像化，不能被当作心像的对象。这种说法可能会给学过心理学的人造成一定困扰，因为心理学认为每一个心理概念都能以心像的方式予以重现。在这个问题上，我们不妨再做一些思考和挖掘，然后这个谜团即可迎刃而解。

假设，一个人已经有了关于动物的普遍概念。当他说出或者想到动物这个词时，他知道自己想的是什么、指的是什么。一旦看到一种动物，他就能认出它是动物，而且当别人说到"动物"时，他也能理解指的是什么。然而，这种情况下，他不一定具有动物这个概念的心像。为什么呢？因为一个人要形成任何关于动物的心像，要么要形成关于某种特定动物的图像，要么要形成几种动物的组合特征。"动物"这个概念本身过于宽泛，他恐怕无法形成关于所有动物的组合体的图像。事实上，他所给出的概念并不是反映存在于某一特定想法中的任何实际事物的图像，而是一个包含所有动物特性的抽象概念。它就像

代数中的 x，x 代表某个存在的事物，但并不代表任一事物本身。

如布鲁克斯所言："一个概念不能用具体的图像加以表征，因为概念具有普遍性，不具有特殊性。如果它的颜色、大小或者形状都可以具化为一个图像，那它就不再具有普遍性，而是具有特殊性了。"哈勒克也说："图像必定要做个性标记，否则无法用图像呈现任何事物。最好的心像可以从它描绘出一幅图像。在'人'这个大类下面，一个具体的存在可能长着短而翘的鼻子、头发金黄、眉毛稀疏、脸上无疤。但是一旦'人'这个概念中有哪个个体特征与之相悖，就会破坏这个心像。如果我们形成了一个关于苹果的图像，那它必须有具体的颜色，或者黄色、红色，或者绿色、赤褐色，也应该有大小，要么有人工栽培的苹果那么大，要么像海棠果那么小。有人曾问过一个小男孩，'当听到苹果这个词时你想到了什么？'他回答说，'一个又大又红、头上烂了一点儿的苹果'。那个男孩可以清晰地给出一个图像，但他形成概念的能力还处在初级阶段。"

因此，我们看到，对于一个东西类，心像一定是描绘其中某个（些）特定个体的品质、属性和外观。而**概念**可以只包含**类的特征**，即这类事物的共有特征（当然，概念也必须包含类的特征）。正如前面讨论到的，普遍概念是"一个普遍的想法……一个普遍的概念，它包含了其所属类的所有共有特征"。由此可以得出，这种"普遍想法"无法图像化。因为图像必须是关于特定事物的，而概念则比特定事物高出很多个阶数和等级。我们可以为一个**人**画像，但我们不能为作为种族的"人"的概念画像。所以，概念不是对**事物**形象的再现，而是**关于一类事物的一种想法**。我们相信，有心理学素养的读者如果能够清楚地理解概念与心像的区别，理解这里的论证思路，就能够理解概念与图像的区别。

不过，虽然概念不能在心理上被图像化，但是当我们说话或考虑一个普遍词项或概念时，只要我们意识到这个类的某个特定代表与那个概念之间的关联，头脑中就会把这个特定代表当作一个理想化的对象。需要注意的是，这个理想化的对象不是概念——它们是从记忆中再现的**感知**。对于所有希望清楚表达自己想法的人来说，他们必须能够将概念转化为理想化的对象，否则他的表达就会因太过理想化、太过抽象而不容易理解。正如哈勒克所说："在任何情况下，我们都应该准备好在需要时将我们的概念转化为概念所代表的具体图像。除非与具体的个体相关联，否则概念就没有任何意义。如果没有具体的个体，那么概念既不存在、也不代表什么。一个不能将他的概念转化为具有明确意象的合适对象的人，既不适合做老师，也不适合做牧师……曾经就有个人，他热衷讨论水果，但因为只是在抽象的意义上纸上谈兵，别人把一颗蔓越莓放在他面前时，他竟然认不出蔓越莓是水果。一位幽默作家评论说，这位是形而上学的'学者',他如此热爱抽象事物,厌恶具体事物,就算把桃子放在他面前,他都不敢吃。"

刚刚接触逻辑推理的人可能对**感知**和**概念**之间的区别颇感困惑,其实只要考虑得当,区别二者并不难。感知是"知觉的加工对象,是被感知的东西"。概念则是"一种心理表征"。布鲁克斯做过以下区分:"**感知**是真实事物的心理产物;而**概念**只不过是一个想法,是关于一类事物共同属性的想法。**感知**对应具体的对象;**概念**不是具体的,是普遍的。一个**感知**可以用具体的个例来描述;一个**概念**则只能用多个个例共有的普遍特征来描述。前者一般可以用图像来表示,后者则不能图像化,只能是一个想法。"因此,人们能够将**感知**到的具体的马图像化,但没有办法将**马**作为类的概念正确地图像化。

说到**感知**和**概念化**,我们再考虑一个概念——**统觉**。统觉也是深受当代心理学家青睐的一个术语(尽管也有人坚决反对统觉的概念,不承认统觉的必要性,拒绝使用这个概念)。统觉可以被定义为:"伴随理解的知觉,伴随识别的知觉。"被统觉感知的事物是被理解的或识别出来的事物,即我们以一种新的方式感知到之前在头脑中已经获得的某种(些)想法。哈勒克将其解释为"对与已有想法相关的事物的感知"。由此我们可知,如果人们拥有同样活跃的知觉器官、同样活跃的注意力,那么他们就可以在相同的程度上、以相同的方式感知同一个事物。但是，每个人的**统觉**会因他过往的经历、所获得的训练、个人的气质品位、习惯和习俗不同而存在一定差别。比如，有这样一则故事，一个男孩爬到树上观察路人，观察他们对这棵树的评价。第一位注意到这棵树的路人是卡朋特先生。

男孩："早上好，卡朋特先生。"

卡朋特先生大声地说道："这棵树可真是个好木材。"

第二位是坦纳先生。

男孩："早上好，坦纳先生。"

坦纳先生："这棵树的树皮很漂亮。"

第三位是亨特先生。

男孩："早上好，亨特先生。"

亨特先生："我敢打赌，这棵树上一定有松鼠窝。"

（虽然男孩一直在问好，但是经过的每个人说的话都不一样。）

同样一只鸟，在女人眼里，它是美丽"灵巧"的小东西；在猎人眼里，它是猎物；在鸟类学家那里，它是它那个属那个种的代表，或许还是鸟类学家一直在寻找的收藏对象；而如果农民看到它，想到的则是它是益鸟还是害鸟，会食虫还是会破坏庄稼。再如"监狱"这个概念，小偷会觉得那是可怕的地方；普通公民会认为那里是有效管控犯罪人员的场所；警察则会将其视为自己的业务范围。所以，统觉因个人的经验而有不同，

第 4 章　概念不同于图像，不能被图像化

就像科学家可以在动物身上或岩石中看到许多普通人所看不到的特征一样。我们受过的训练、我们的生活阅历、我们对事物的偏见等，都会对我们的统觉产生影响。

　　因此，我们看到，在某种程度上，我们头脑中形成的**概念**不只是由我们最简单的知觉决定，我们的统觉也是一个产生实质性影响的要素。我们不仅根据感官的直接感受来构想事物，还会根据印象和已有想法对其加以渲染、施加影响。鉴于此，同一个事物在不同的人那里会产生差别迥异的概念。只有完全客观的头脑才能形成完全客观的概念。

第 5 章

词项：演绎推理的第一阶段

在逻辑学中，**概念**与**词项**是同义词，在逻辑学的理论范围之外，词项的用法与概念不同，二者之间的差异是必然的，因为**概念**一词实际上表示头脑中的一个**想法**，而**词项**实际用于指代**词语**，或者说想法或者概念的名称，它是概念的象征符号。从上一章我们就知道，"命名"或者"由一个名字做命名的行为"是形成概念的最后一个阶段。事实上，人类文明所发展出的语言里，大部分词语是用来表示普遍想法或者普遍概念的。恰如布鲁克斯所言："为每一个单独想法赋予一个它所特有的名字实在不切实际，甚至不可能；那样的话，我们的大脑很快便会无法承受名字之重。我们语言中几乎所有的日常词汇属于普遍词汇（而非特殊词汇）。除了人名和地名之外，用专门的名称去区分不同个体的情况比较少。大多数对象只是用普通名词加以命名；几乎所有的动词表达的只是普遍的动作；我们的形容词也是用来形容一些共同的特征，副词则用来修饰各'类'动作和性质。除了人名和地名外，语言中很少有词语表达普遍想法以

第 5 章 词项：演绎推理的第一阶段

外的想法。"

逻辑学用**词项**指示**构成概念的一个或多个词**，用**概念**严格指示**思想的对象**，我们在这里不用概念指示代表实际对象的词。**概念**是逻辑的重要构件（或事实），**词项**是用来指示概念的，是为更方便表达概念而使用的符号。**词项**不一定只是一个词，我们通常也会使用若干个词语、有时甚至是一个小句来表示一个概念。本书旨在探讨逻辑推理的艺术，所以我们认为：**词项是概念的外在符号**，而**概念是词项所表达的内在想法**。

一般来说，形成"词项"是演绎逻辑的第一个阶段，后续两个阶段分别形成"命题"和"三段论"。在考虑词项的时候，我们就已经进入了演绎逻辑的第一阶段。首先必须对词项有一个正确的理解，才有可能理解演绎推理的后续阶段。杰文斯说："组合词项则得命题，组合命题则得论证或推理片段……组合词项与命题并认为这是推理，恐怕什么也得不到。如果你想给出一个好的论证，就必须小心翼翼，遵守特定规则，这就是逻辑学的重要性之所在。进一步讲，如果你想真正理解论证需遵守哪些规则，就**应该首先明确词项是什么，以及有几种词项**。接下来，再去探求命题的本质，探索命题的不同种类。最后，了解如何通过三段论从其他命题中推理得出某个命题。"

现在我们已经知道，词项是概念的外在符号，是概念的外在表达，是我们在命题中组合起来的事物的名称。下面，我们依据目前对词项的权威分类，逐一考查不同类型的词项的情况。

任一**词项**可以只包含一个名词，也可以包含任何数量的名词、实体[①]或形容词。比如，在命题（1）中，第一个词项是实体"老虎"，第二个词项是形容词"凶猛"。命题（2）也含有两个词项，分别为"英国国王"和"印度皇帝"，这两个词项每个包含两个名词。

（1）老虎凶猛。

（2）英国国王是印度皇帝。

（3）大英博物馆的图书馆是世界上藏书最多的图书馆。

命题（3）的英文原句为"The library of the British Museum is the greatest collection of books in the world"，共包含15个单词，但只有**两个词项**；第一个词项是"the library of the British Museum"（大英博物馆的图书馆），它包含两个实体、一个形容词、两个定冠词和一个介词；第二个词项是"the greatest collection of books in the world"（世界上藏书最多的图书馆），共包含两个实词、一个形容词、两个定冠词和两个介词。这三个例子均来自杰文斯，他还补充道："一个逻辑词项可以包含任意数量的名词、实词或形容词，它们借助冠词、介词、连词等

[①] 在此指示一种词性，用来描述有实际存在的事物，可以是物质的，也可以是精神的。

第 5 章　词项：演绎推理的第一阶段

连接起来；只要它指示的（或者让使用者想到的）是某个对象或者对象的集合，抑或某一类对象，它就**是且只是**一个词项。"

词项可以分为**单称词项**和**通称词项**两大类。此为词项的第一种分类。

单称词项是用来指示单个对象、单个人或事物的词项。虽然用以指示单个对象（人或事物），单称词项可能包含一个词（如专有名词等），也可能由多个词组成。以下列举的都是单称词项，均表示单个对象（人或事物）：

欧洲

明尼苏达州

苏格拉底

莎士比亚

第一个人类

至善

第一因

英国国王

大英博物馆

公共工程部部长

纽约市主街

以上关于单称词项的例子说明，单称词项指示特定的、独一无二的事物，世上仅此一件，既有特性，也有个性。正如海斯洛普[①]所说："**类之统一**不是单称词项的区别性特征，单称词项的区别性特征是**独一性**或单一性，它表征的个体应该是这个概念的全部。"

通称词项与单称词项相对。通称词项既可以用来指示同类对象（人或事物）中的每一个或某一个，也可以指示包含此类对象（人或事物）的那个完整的类。比如，"马""男人""两足动物""哺乳动物""树""数字""沙粒""物质"等，既可以用来指它们所指称的大类，又可以指大类下面的个体。海斯洛普说："在这些例子里，通称词项既可以指示多于一个的对象，也可以指示同类事物的全部个体。在解释所谓的全称命题时，通称词项有其重要价值。"

词项还有第二种分类，可以分为**集合词项**和**分配词项**。海斯洛普认为这种划分"旨在区分同类事物的总体和同类事物的那个类。以上两种分类在一定程度上有重合，因为通称词项都是分配性质的"。

集合词项指示由同一类型的对象（人或事物）组成的集合或者整体，**它将一个集合看作一个整体或一个个体**，尽管这个

[①] 詹姆斯·海斯洛普（James Hyslop）：美国心理学家、伦理学与逻辑学教授，是最早将心理学与精神现象联系起来的美国心理学家之一。——译者注

第 5 章 词项：演绎推理的第一阶段

个体由组成它的所有单独个体组成（但每个单独个体不具有那个集合的个体的性质）。下列词项都是集合词项，每个词项指示的都是聚合的或者说复合的集合。

团　会众　军队　家庭　人群　国家　公司
营　班级　国会　议会　习俗

集合词项对应**分配词项**。**分配词项**指示**给定类别中的每一个对象（人或事物）**，比如"人""四足动物""两足动物""哺乳动物""书""钻石""树"。正如海斯洛普所说，"通称词项都是分配性质的""明确区分作为**类**的整体和作为**集合**的整体，这一点很重要^①……人们经常会混淆'通称词项'和'集合词项'，比如把指示某个**类**的词项（如'人'）称为**集合词项**。"

词项的第三种分类为：**具体词项**和**抽象词项**。

具体词项指由感知或者经验获得的、可以被认为实际存在的确定的对象（人或事物），如"马""男人""山""美元""刀""桌子"等；或者具体的性质特征，如"美貌的""聪慧的""高贵的""品德高尚的""优秀的"等。

抽象词项则表示属性、品质或特征，这些属性、品质或特

---

① "作为类的整体"对应通称词项，它将类作为一个整体，既可以用其指示整个类，又可以指示类中的每个个体，比如"人"；"作为集合的整体"为集合词项，它指示由个体组成的集合的类，但是不能指示类中的单独个体，如"团"。

征**独立于它们所依附的对象（人或事物）**，是抽象的存在，如"美""智慧""高贵""善良""美德"等。这些特征与品质**本身**并不真正存在，它们只有与具体的对象（人或事物）相关联时才能被认识，才可以被考量。因此，我们无法知道"美"，但可以知道**美的事物**；我们无法知道"德"，但我们可以知道有德行的人，依此类推。

属性和**特征**凡用作**形容词**，就是**具体词项**；凡用作**名词**，即为**抽象词项**。对比"美丽的"和"美"，"有德行的"和"德"，区别可以概括如下：具体词项为**事物的名称或者以形容词呈现的事物的特征，且仅为特征本身**；抽象词项则是**以名词形式呈现**的事物特征的名称，**指"一个事物"**本身。

有些词项既可以用作具体词项，也可以用作抽象词项，有人将它们归为**混合词项**，比如"政府""宗教""哲学"等。

词项还可以依据其极性分为**肯定词项**和**否定词项**。

肯定词项是表示其**具有**某种特征的词项，例如："好的""人的""大的""方形的""黑色的""强壮的"等。这些词项表示xx **具有**这个词项所指示的特征。

反过来，**否定词项**则表示其**缺乏**某种特征，例如："无人性的""无机的""不适的""不开心的""不导电的"等。这些词语不是**断定**一个相反的性质（"无人性的"）的存在，而是**否认**

第 5 章　词项：演绎推理的第一阶段

某些特征（"有人性的"）的存在。无论本质上还是形式上，它们都是否定的。杰文斯指出，"我们通常可以通过词缀来判断'否定词项'，比如英语中包含 un-、in-、a-、an-、non- 等前缀，-less 等尾缀的词都是否定词项"；海斯洛普也提到，"（英文中）'否定词项'的标志有 **in-**、**un-**、**–less**、**dis-**、**a/ an-**、**anti-**、**mis-**，有时 **de-**、**non-**、**not** 也表示否定"；杰文斯还补充道，"假设英语是一种完美的语言，那么每个词都应该有一个与其恰好对应的否定词项，如此，所有形容词和名词都可以成对出现。正如 **convenient（方便的）** 的否定词项是 **inconvenient（不方便的）**，**metallic（金属的）**、**logical（合乎逻辑的）** 的否定词项分别为 **non-metallic（非金属的）**、**illogical（不合逻辑的）**，那么，blue（蓝色的）也应该有它的否定词项 non-blue（非蓝色的）、literary（文学的）有其否定词项 non-literary（非文学的）、paper（纸）有其否定词项 non-paper（非纸）。但是很多假定存在的否定词项很少被使用，甚至从未被使用过，如果我们碰巧想使用某些否定词项，可以通过在肯定词前面添加前缀 not- 或者 non- 直接获得。因此，我们在字典中能找到的否定词项都是使用频率较高的一些词项。"

杰文斯还指出："有时同一个词可能有两个甚至多个否定词项。比如 undressed 和 not-dressed 都是'dressed'的否定词项，但二者的语义相去甚远，前者指'没穿衣服的'，后者则指'没有穿着正装的'。出现这种情况是因为'dressed'有'穿衣服的'和'正式着装的'两种含义。"

有学者还坚持认为，应对否定词项做更细致的分类。例如，区分**剥夺性否定词**和**否定性肯定词**。**剥夺性否定词**表示人或事物失去了曾经拥有的某种特征，如"聋的""死的""盲的""黑暗的"等。海斯洛普说，这些词"在形式上是肯定的，但在物质上或者含义上是否定的"。同理，**否定性肯定词**表示人或事物"拥有某种以否定形式表达的肯定特征"，如"令人不愉快的""不人道的""无价的"等。不过，有人认为这样细致的分类"有点过头了"。对于一般人来说，区分"肯定"和"否定"两类就足够了。

还有人提出了一种分类，叫**否定化的词项**。这类词项旨在将每一个与"肯定词项"对应的否定化的对象（人或事物）都放在一个大类里。它的目的就是将肯定的想法放在一类，将所有其他内容单独放在另一类。代表例子有"not-I"（非我）、"not-animal"（非动物）、"not-tree"（非树）、"unmoral"（无道德的）等。当然，这种分类也受到了类似的诟病。海斯洛普这样说："它们即使有时候很优美，但在修辞学上不总是优美的，只是在帮助明确头脑中某个否定性质的想法时有一定的价值。"

词项的第五种分类为**绝对词项**和**相对词项**。

绝对词项指示对象所拥有的固有性质，这些性质不依赖于其他任何对象，如"人""书""马""枪"等。这些词项**可以**与许多其他词项相关，但**不必然**与任何一个词项相关。

与绝对词项对应的是**相对词项**。**相对词项**指那些与其他词项具有某种**必然**关系的词项，如父亲与儿子、母亲与女儿、老师与学生、主人与仆人等。如果提到"孩子"，那就必须有"父母"一词来对应；反之亦然。这类词项隐含一个前提，即存在与它相对的词项。

海斯洛普这样评价上述分类："**相对词项**会把它与其他个体的关系作为该词含义的一部分，而**绝对词项**不必然涉及与其他事物的关系，仅涉及思维对象本身的特征。"

有人还把词项分为**高阶词项**和**低阶词项**，或**广义词项**和**狭义词项**。这种分类旨在关注该词项的内容和范围。比如，进行分类时，我们从个体开始，将个体分为一个个小类；然后根据类与类之间的相似性将它们组成大的类；这些大的类再组合，形成更大的类，依此类推。随着类的不断扩大，它们形成了**更广义**的词项；反过来，从一般性的类退回到更具个性的类时，就获得了**更狭义**的词项。有人将包括狭义词项的**广义词项**称为**高阶词项**，将被包含的**狭义词项**称为**低阶词项**。因此，**动物**相比"狗""猫""老虎"等，是高阶词项、广义词项，因为它包含"狗""猫"和"老虎"。布鲁克斯说:"既然一个概念是对类中个体所具有的共同属性取并集得到的,那么概念既涉及共有属性,也涉及个体。我们说,概念所具有的各种属性构成了概念的**内容**;概念所涉及的各个个体构成了概念的**外延**。"

因此,概念或词项所涵盖的对象为其**外延**,其所包含的属性或特征为其**内涵**。因此可以直接推得,对于任一词项,**外延**越大,其**内涵**越小,**外延**越小,其**内涵**越大。这样说可能更容易理解:一个词项所包含的个体越多,它可以包含的**共同**属性或者**共同**特性就越少;反过来,**共同**属性越多,词项所包含的个体就越少。布鲁克斯举例说:"**人**这个概念的**外延**比**诗人**、**演说家**或者**政治家**更大,因为它包含了更多个体;但**内涵**更小,因为我们必须把诗人、演说家和政治家各自的属性放在一边,才能够把他们组合成一个共同的类——'**人**'。"

同理,**动物**的外延也很广,因为它包括各种各样的动物,比如狮子、骆驼、狗、牡蛎、大象、蜗牛、蠕虫、蛇等,各种动物之间特征各异。因此,"动物"的内涵必须够小才能包括所有动物共有的特征,而这样的特征委实不多。下面这个关于"动物"的定义可以说明其**内涵**有多小:"**动物**,一种有机体,各方面能力均高于植物,尤其拥有感知能力、意志,可以随意移动。"关于**动物**的另一个定义把动物的内涵缩得更小,即"拥有或曾经拥有生命的生物"。哈勒克说:"**动物**的内涵很小,但

第 5 章 词项：演绎推理的第一阶段

外延很大。虽然所有动物共同的特征不多，但动物的种类和数量却十分庞大。要想定义'动物'的完整外延，我们需要为每一种动物命名，从仅微观可见的纤毛动物到大体型的老虎，从小蚯蚓到大鲸鱼。一旦将动物的外延，缩小到一个具体的物种，比如**马**，那么外延所包含的个体就变少了，而内涵所包含的特征则会成倍增加。"

无论如何，形成清晰明确的概念，对这些概念进行分组、分类和概括，从而形成外延更大的概念和词项是非常重要的，这是所有学者的共识，也被认为是形成所有建构性思想的真正基石。正如布鲁克斯所说："'概括'是语言形成的基础。人只有形成了普遍概念，才有可能形成语言……我们语言中几乎所有日常用词都是普遍性的，不是特殊性的……概括的力量也是科学形成的基础。如果我们没有形成普遍想法的能力，那么就需要针对每个单独的对象做单独的研究，如此一来，我们将永远无法超越最基础的 ABC 知识，我们也将无法获得判断（除了最简单的判断形式）；即使是最简单的三段论，我们也无法获得其构造的奥秘。没有概括能力，我们就无法从若干个体直接获得一个普遍的结论，也无法从普遍前提直接获得关于个体的结论，因此既做不了归纳推理，也做不了演绎推理。没有概括，就没有对科学的分类，知识也将停留在科学的门槛上。"

第 6 章

词项所表达的含义

每个词项都能表达一定的**含义**或者**内容**。虽然组成一个词项的那个词或者几个词只是一些声音符号,但它(们)能够代表该词项的真正**含义**,这个**含义**仅存在于理解它的人的头脑中。对于不理解其词项含义的人来说,这些词只不过是一些毫无意义的声音;对于理解它们的人来说,这样的声音能唤醒其头脑中的联想和心像,起到了思想符号的作用,是代表思维的一个符号。

每个具体的通称词项都能表达两种**含义**:一是它所指示的具体的事物、人或物;二是它用以描述的那些人、对象或事物所具有的品质、属性或特性。例如,具体的词项"**书**",其第一个含义是关于"书"的普遍想法,借助它我们可以判断出什么是**书**;第二个含义则包括使一本书成为书的各种特征,如印刷页面、侧面装订、具有一定行文格式、有封皮等。不仅这个具有如此性质的事物是**书**,具有相同或相似特性的所有其他事物也一定是**书**。因此,每当我们把一样东西称为**书**时,它就必须

第 6 章 词项所表达的含义

具备上述特征；而且，每当我们在头脑中将关于这些特征的想法结合起来，我们一定会想到"**一本书**"。正如杰文斯所说，"在现实中，每一个日常用到的通称词项都具有双重含义：既指它所指示的物体，也指它所指示事物之所以成为该事物所**蕴含**的特征和特性，两种含义的内涵完全不同。在逻辑学家那里，一个词项所指示的事物是它的**外延**，而它所蕴含的特征和特性则是它的**内涵**。"

在上一章中，我们已经讨论过词项的外延和内涵。具体到一个通称词项，对其外延程度的划分分别用**属**和**种**来表示，其内涵的特征分类则分别用"**种差**""**属性**"和"**偶性**"来表示。

属指"对象的类，里面包含多个种；它比种外延更大；是全称性质的，可以谓述若干不同的**种**里的各个对象。"

种也指对象的类，但是它外延"比属小，两个或多个种组成一个属；任何能够表达其所述对象本质的通用词项，都可以谓述该对象所属的**种**"。①

---

① **属**和**种**的概念此处讲得比较抽象，尤其对于"种"的后一半说明，十分拗口。我们不妨看一个简单的例子，可以更便于理解。以"脊椎动物"和"鸟"为例，二者的内涵分别定义为："有脊椎骨的动物"（脊椎动物）和"适应于陆地和空中生活的高等脊椎动物"（鸟）。根据内涵定义，"鸟"是一类"脊椎动物"，"脊椎动物"外延更大，所以"脊椎动物"是**属**，"鸟"是**种**。"鸟"的内涵定义中说到，"鸟"是一种高等脊椎动物，此时，"脊椎动物"是表达"鸟"的本质的通用词项，这个通用词项可以对"鸟"做谓述判断，也就是说，我们可以判断说"鸟是一种脊椎动物"，而这种判断是保真的，任何时候都为真。——译者注

逻辑思维经典入门
THE ART OF LOGICAL THINKING OR THE LAWS OF REASONING

有学者认为:"**种**和**属**不是绝对的,同一个通称词项在一种情况下可能是种,用来谓述个体,在另一种情况下可能就是被另一个种谓述的个体。比如,个体乔治属于逻辑上的种'人',而'人'又是逻辑上'动物'中的个体[①]。"杰文斯认为:"比较理想的状态是,如果一个类包含在另一个里面,我们用不同的名称来指称它们,我们把那个被分解的大类称为**属**,把大类中包含的小类称为**种**。"**动物**相对于**人**,**动物**是**属**,**人**是**种**;**人**相对于**白种人**,**人**是**属**,**白种人**是**种**;**白种人**相对于**苏格拉底**,**白种人**是**属**,**苏格拉底**是**种**,依此类推。需要注意的是,**属**和**种**作为逻辑词项的含义与它们在生物学意义上的含义不同。在逻辑学中,每个类的外延都小于它那个类的"属",是外延大于它的类的"种"。在这个量尺上,处于最低端的是**末级种**,末级种不能再做进一步的细分,比如"苏格拉底"不能再分为更小的种。所以,最低端的种肯定是一个个体对象、人或物。在这个量尺的最高端是**总属**,或称为**最高属**,它不再是任何属的种,因为没有比它更高的类,例如"存在""现实""真理""绝对""无穷""终极"等。海斯洛普说:"事实上,**总属**有且只有一个,但**末级种**可能有无限多个。在这两端中间的词项有时被称为**次属**,它们在这个量尺上的位置决定了它们既是属又是种。"

[①] 这里面"人"相对于"乔治"是属,相对于"动物"是种。——译者注

接下来，我们看一下针对词项内涵特征的三个分类：**种差**、**属性**和**偶性**。

种差，表示"一个种区别于同一个属下其他种的指标，指具体的特征"。因此，皮肤的颜色是区分黑种人与白种人的**种差**；脚的数量是区别两足动物与四足动物的**种差**；树叶的生长方式和形状是区别橡树与榆树的**种差**；等等。海斯洛普说："给定任何特征，如果能将一个对象与另一个对象区分开来，它就可以被称为**种差**。它是区别同一属下面不同种或不同个体的特征，这些特征不同于种与种之间、个体与个体之间的那些共同特征。"

属性，指"一类事物的独特品质，是其固有的天然本质"。因此，**属性**是一个类的区别性标记。比如，黑皮肤是黑种人的一个**属性**；有四只脚是四足动物的一个**属性**；特定的叶子形状是橡树的一种**属性**。所以，两个种之间的某个**种差**可能是其中一个种的一个**属性**。

偶性，指"任何可能属于也可能不属于某个类别的特征或情况，仅偶然出现，非该对象的本质属性"。例如，红玫瑰的红色，玫瑰即使脱离了红色这个性质仍然是玫瑰，因此颜色就是玫瑰的**偶性**。再如，大部分砖是红色的，也有砖是白色的，但不管是白色还是红色，它都是一块砖，所以红色或白色都是砖的**偶性**，而非其根本**属性**。英国逻辑学家瓦特利[①]指出，"逻辑中的**偶性**有两种情况——**可分离的**和**不可分离的**。比如，'走路'如果是一个人的**偶性**，那么它属于可分离的偶性，因为这个人即使站着不动，他还是那个人；相反，如果西班牙裔也是这个的**偶性**，那么这个偶性不可分离，因为从人种学的角度看，他永远无法剥离自己作为西班牙裔的身份，因为他生来如此。"

从对词项的含义和内容的分类出发，我们就可以获得"下定义"的过程。

下定义指"对一个词或词项进行解释"。在逻辑中，给一个词项"下定义"是分析其**属性**和**种差**并予以清楚说明的过程。当然，定义有很多种，如**实质定义**。瓦特利对**实质定义**的定义是："用特定名称解释特定事物本质的一种定义方式。"还有所谓的**物理定义**，指"通过列举被定义物体可分离的各物理部分而进行定义的一种定义方式，如用船体、桅杆等定义船。"第三种定义叫**逻辑定义**，即"利用**属**加**种差**进行的定义。如，行星被定义为'一种环绕恒星运行的天体'，其中，**天体**是属，**环绕恒星运行的**是行星区别于普通天体的种差"。第四种定义为**偶性定义**，指"通过定义**偶性**性质来定义事物的方式"。还有一种定

[①] 理查德·瓦特利（Richard Whately），英国修辞学家、逻辑学家、哲学家等。——译者注

义叫**本质定义**，指"通过定义事物、人或事的本质**属性**及**种差**来进行定义的方式"。

克拉布认为"定义"不同于"解释"，**定义**十分精准，而**解释**则相对笼统。对于任何词语而言，其**定义**都规定了其含义的范围，学者使用词语时必须遵守定义给出的规则；而对这个词的**解释**则既包括它的定义，也包括对它的说明。定义只包含该词项含义中的主要特征；解释则允许说话人对其定义做无限扩展。

海斯洛普关于**逻辑定义**的解释很精彩。他认为，逻辑定义是词项在逻辑中的合适含义。他指出，逻辑定义需遵循以下几条规则：

- 应说明被定义种的根本属性；
- 不得包含被定义词，否则将陷入循环定义；
- 定义范围必须完全等价于被定义的种；
- 不应使用更晦涩的语言，不使用比喻或模棱两可的词汇；
- 如果一个词项是肯定词项，那么对它的定义不能是否定的。

最后，一个正确的定义必然需要分析和综合两个过程。

分析指"将事物分解为其组成成分、性质、特征或属性"。因此，如果要正确定义一个人、对象或事，首先必须对被定义项进行分析，以觉察其本质属性、偶性或种差。除非能够清楚并充分地感知那些性质、特性和属性，否则我们无法正确定义对象本身。

综合指"将两个或多个事物组合起来；在逻辑中，这是一种合成的方法，与分析相反"。在给出一个定义时，我们必须将我们通过分析过程发现的各种本质属性和特性组合起来；组合获得的那个复合体作为一个整体，就是该词项所表达的对象的定义。

第 7 章

做出判断：推理过程的第二步

推理过程的第一步是"概念化"，即形成概念，前面几章已经详细讨论过。第二步则为"判断"，即感知两个概念之间的异与同。

逻辑学将**判断**定义为："在头脑中对两个理解对象（可以是观念、概念或想法）进行比较并告知它们是相同还是相异、一个是否属于另一个的过程。被比较的可能是简单概念，也可能是复杂概念。因此，判断可以为肯定形式，也可以为否定形式。"

一旦我们头脑中有了两个概念，我们很可能会将它们进行比较，然后得出关于二者相同或者相异的某种结论。这个比较并做出决定的过程，在逻辑学中被称为**判断**。

每一个判断行为至少对两个概念进行审视和对比。这种对比最终必须得到一个关于二者相同或者相异的判断。例如，我们检查并对比**马**和**动物**这两个概念，之后发现它们之间存在一致性。我们发现，**马**这个概念包含在更高阶的**动物**这个概念中，因此我们断定"**马是一种动物**"。"**马是一种动物**"是针对相似性的断定，因此是一个**肯定判断**。再比较**马**和**牛**这两个概念，我们发现它们之间有不一致，所以断定"**马不是牛**"。"**马不是牛**"断定了一种相异性，是一个**否定判断**。

在上面比较**马**和**动物**这两个概念的过程中，我们发现**动物**比**马**的外延大，大到**动物**包含**马**。这两个词项不相等，因为我们虽然可以说"马是动物"，但不能说"动物就是马"。我们可以将广义概念的**一部分**包含在狭义概念中，即可以断定"有些动物是马"。有时候，我们也会发现两个概念内涵相等，比如我们可以断定"人是一种有理性的动物"[①]。

在做判断的过程中，我们始终需要在肯定判断与否定判断之间进行选择。我们在比较**马**和**动物**两个概念时，必须判断，到底是"马**是**动物"还是"马**不是**动物"。如果"马**是**动物"为真，则为肯定判断，得到的判断是"马**是**动物"；而如果"马**是**动物"为假，则为否定判断，得到判断是"马**不是**动物"。

哈勒克巧妙地阐述了判断过程的重要性。他说，"如果存在孤立的概念，那么孤立的概念几乎一文不值。孤立的事实和未纺织成线的羊毛一样，毫无用处。我们可以有一个关于'三叶

[①] 这个判断中"人"和"有理性的动物"的内涵相等。——译者注

第 7 章　做出判断：推理过程的第二步

常春藤'这个特定类的概念，也可以有关于'毒药'的概念，但除非通过某种判断将这两个概念联系起来，否则无法做出这种常春藤有毒，一旦接触就会中毒的推理。同理，如果我们有关于'面包'的概念、有关于'肉''水果'和'蔬菜'的概念，也有'食物'的概念，但遗憾的是，我们没有把'食物'这个概念与具体的食物关联起来，这样一来，恐怕我们还是要被饿死，因为我们不知道肉、水果、蔬菜就是食物，不知道吃它们可以维系生命。再如，一艘船出海太久（船上准备的饮用水都喝光了），它向另一艘船发出求救信号请求支援饮用水，船员们因缺水已命悬一线。此时，第二艘船用信号回复道，'你们在亚马孙河口，直接从海里打水喝即可！'求救的航船意外至极！为什么呢？因为他们的船员（虽然知道船在水中航行，却）没有将船外的水和'**可饮用**'的概念联系起来。再如，一个男人服用了过量的鸦片酊（需要寻找解毒剂），他的妻子四处寻找，把大量宝贵的时间花在了寻找解药上，却没有把自己已知的一些概念联系起来形成相关的判断。她知道咖啡，知道芥末，也知道丈夫需要鸦片酊的解药，但没有将这些概念联系起来得出咖啡和芥末是鸦片酊的解药的判断。一旦她形成了这样的判断，她就会变得更加智慧，因为她将自己的知识联系起来形成了有用的知识……判断是一种可以改变世界的力量。这种改变相当缓慢，因为大自然的力量是那么复杂，复杂到很难还原为最简

59

单的形式。它们被其他存在的力量所掩盖、所抵消……幸运的是，判断一直在默默地运作。我们持之以恒地做比较，把过去看似彼此没有相似点的事物进行比较；判断在不断地抽象和剔除那些用来掩盖核心问题的诸多性质。"

判断的过程可以是分析的，也可以是综合的，抑或二者都不是。比如，将一个狭义的概念与一个更广义的概念进行比较，有如将一个部分与一个整体进行比较，这个过程就是综合的，是组合的行为。如果将一个概念的一部分与另一个概念进行比较，这个过程就是分析性的。如果将等级或范围相等的概念进行比较，那么这个过程既非综合，也非分析。因此，"马是动物"这个判断是综合的；"有些动物是马"这个判断是分析性的；而"男人是有理性的动物"这个判断既不是分析性的，也不是综合性的。

布鲁克斯指出，"有人认为所有判断都是综合的，因为任何判断都由两个想法组合并置而来，这种组合并置就是一个综合的过程。但这是对判断过程一个肤浅的看法。这样的综合是一种机械的综合；在此之下表现出的思维过程有时是分析的，有时是综合的，有时既不是分析的也不是综合的。"

他还指出，"上面描述的心理行为就是所谓的**逻辑判断**。但是严格来讲，思维的每一次智力行为都伴随着一次**判断**行为。

第7章 做出判断：推理过程的第二步

'知道'作为动词其实就是做区分，进一步来讲，就是做判断。每一次感知或认知都涉及知识，因此涉及对这个知识的存在做出的判断。没有判断，大脑根本无法思考；思考即判断。**即便在形成用于判断中的概念时，头脑也在做判断**。每个想法或概念中都蕴含着之前形成这个想法或概念所做的判断：在形成一个概念时，我们首先比较它们共同的属性，然后才将这些属性组合起来；比较也即判断。因此，'每一个概念都是一个约定俗成的判断；每一个判断都是一个扩展的概念。'这种判断我们称为**初始判断**或**心理判断**，我们用它们来确定意识的各种状态，辨别各种性质，区别不同觉知，以及形成概念。"

逻辑判断包括两种情况：通过外延进行的判断和通过内涵进行的判断。如果我们比较**马**和**动物**两个概念，我们会发现**马**包含在**动物**这个概念中，那么"**马是动物**"的判断就可以看作通过外延进行的判断。在同一个比较中，我们发现**马**这个概念包含了**动物性的性质**，将这种性质赋给**马**，我们也可以断定"**马是动物**"，这种判断则是通过内涵进行的判断。布鲁克斯指出，"这两种判断的观点都是正确的；大脑既可以通过外延做出判断，也可以通过内涵进行判断。两者之中，通过外延进行判断的方法一般来说是更自然的方法。"

一旦判断用文字表达出来，就得到了"命题"。"判断"和"命题"有时会被混淆，有人认为"判断"就是"命题"，认为

"命题"可以更恰当地指示所做出的判断。但是现在学者普遍认为更精准的说法是:"**命题是用语词表达的判断**。"下一章我们会详细讨论"命题",对命题所表达的对象做更深入的分析。为避免重复,本章不再讨论。正如"概念"和"词项"的对象混合交叠,"判断"和"命题"的对象也经常混在一起。当然,不管是判断还是命题,它们一方面是心理过程的一个元素,另一方面则是心理过程的语言表达。请记住这一点。

第 8 章

形成命题：演绎推理的第二阶段

演绎推理的第二步为"形成命题"。

在逻辑学中，**命题**本质上是"一个句子或者句子的一部分，用以肯定或否定词项之间存在某种联系。只有用陈述句形式表达的句子是命题，用问句和祈使句形式表达的句子都不是命题"。海斯洛普将命题定义为"对两个概念之间肯定或否定关系的断定"。

以下给出了几个**命题**的示例，前三例是对两个词项之间一致关系的肯定，后三例则是对两个词项之间一致关系的否定。

- 玫瑰是一种花。
- 马是一种动物。
- 芝加哥是一座城市。
- 马不是斑马。
- 粉红色的东西不是玫瑰。
- 鲸鱼不是鱼。

命题的构件有三部分：

- **主词**，即被肯定或否定的部分；
- **谓词**，肯定或否定主词的部分；
- **系词**，连系主词和谓词的部分。

比如，命题"人是动物"，**人**是主词，**动物**是谓词，**是**是系词。系词（在英语中）采用动词 to be 的某种形式，在肯定命题中，呈现为现在时的陈述形式 is；在否定命题中，前附否定词，为 is not。系词不总直接使用 is（是）或 is not（不是）等表达，也会用其他暗含系词的表达方式。例如，"he runs"（他跑步）暗含"he is running"（他是在跑步）的意思。同样，有时谓词可能是缺失的，例如，"God is"（上帝是），它的含义是，"上帝存在"。还有些情况下，命题会被倒置，谓词在前先出现，主词在最后出现，如"Blessed are the peacemakers"（神佑啊，和平的使者）、"Strong is truth"（强大啊，真理）。在这种情况下，必须借助各个词项的性质和含义来确定谁是主词谁是谓词。

肯定命题是肯定谓词与主词具有一致性的命题。**否定命题**则是否定谓词与主词具有一致性的命题。这两类命题的例子前面已经给出。

命题还可以分为**直言命题**、**假言命题**和**析取命题**三类。

第 8 章 形成命题：演绎推理的第二阶段

直言命题表示范畴之间的关系，以肯定或者否定的形式做断定，且不对词项做任何量化或限制，如"人是动物""玫瑰是花"等。直言命题所断言的事实可能不为真，但直言命题本身是关于现实的一种积极的断定。

假言命题是以某种情况、某种条件或某种假设为前提做出肯定或者否定断定的命题，如"如果水沸腾了，就能把人烫伤""如果火药是湿的，它就不会爆炸"等。杰文斯说："假言命题比较好识别,（英语中）通常包含'if'（如果）这样的小词。如果非说假言命题与正常命题之间有多大差别，那这确实存疑……（上面那两个例子）我们也可以说'开水能把人烫伤''湿火药不会爆炸'，不使用'如果'似乎亦可。"

析取命题"暗示或断言存在多个选项"，通常包含连接词"or"（或/或者），（英语中）"or"有时与"either"一起使用，形成 either…or…（要么……要么）的表达。如下面三例：

- Lightning is sheet or forked.（闪电呈长形或叉形。）
- Arches are either round or pointed.（拱门或者是圆的，或者是尖的。）
- Angles are either obtuse, right angled or acute.（角分钝角、直角、锐角。）

命题还可以分为全称命题和特称命题两大类。

全称命题是主词**全部**被谓词所断定或否定的一种命题。如下面（1）使用"all"肯定人类这个范畴**全部**属于骗子的范畴，不是**一些**人是骗子，而是**所有**人都是骗子。同理，命题（2）也是全称命题，是**全称否定**命题。

（1）All men are liars.（所有人都是骗子。）

（2）No men are immortal.（没有人可以不死。）

特称命题则是指谓词肯定或否定主词的**一部分**具有某种谓词所指示的特征的命题，如（3）和（4）。特称命题的肯定或否定均不涉及主词的**全部**外延。除了使用"some x"的形式，主词还可以是"A **few** men"（几个男人）、"**many** people"（很多人）、"**certain** books"（某些书）等。

（3）Some men are atheists.（有些男人是无神论者。）

（4）Some women are not vain.（有些女人不爱慕虚荣。）

海斯洛普说："在正式表达中，（英语的）全称命题有一些标志性的符号，如 **all**、**every**、**each**、**any**、**whole**（所有、每个、任何、全部）等。特称命题也有标志，是一些表示数量的形容词，例如 **some**、**certain**、**a few**、**many**、**most**（一些、特定、少数、许多、大多数），还有其他一些词，指示类中**至少有一部分**具有某种性质（如 **at least**）。"

第 8 章　形成命题：演绎推理的第二阶段

对于逻辑学家来说，"命题中词项的周延情况"是一个重要的话题，海斯洛普认为，"明确词项的周延性对于确定我们推理的合法性至关重要，至少能够决定一个命题对他人的可信度和可接受度。"有些学者更喜欢称之为"命题主项的量化问题"，现有说法一般称之为"周延"。

逻辑上的"周延"是指，"在全部意义上使用一个词项，包括其所有对象；即，断定词项的全部外延都具有某种性质，或者不具有某种性质，这种断定需要针对其所有对象，不能只针对一部分。"如果对于命题中的某个项，其全部外延都可以被断定，那么它就是**周延的**；也就是说，**如果这个项包含的所有对象都符合那个断定，它就是周延的**。因此，在命题"所有的马都是动物"中，**马**是周延项；在命题"有些马是纯种马"中，**马**不是周延项。这两个例子都在探讨命题**主词**的周延项。其实，谓词也有周延性。如，在命题"所有的马都是动物"中，谓词**动物**不周延，因为并非**所有的动物都是马**——**有些**动物不是马，因此，谓词**动物**没有被完全使用，也就是"**不周延的**"。这个命题的真正含义是"**所有的**马都是**一些**动物"。

在考虑命题中词项的周延情况时，还有一点需要记住，用布鲁克斯的话说就是，"周延性通常以某种表达式的形式表现，不过有时也由人的思想决定。所以，如果我们说'Men are mortal'（人会死），虽然没有使用'all'（所有），其实指的也

67

是**所有人**,此时词项'人'就是周延的。但是如果我们说'书是图书馆所必备的',我们就不是说'**所有书**',而只是说'**某些书**'是图书馆所必备的。可以在一个词项前面添加'每一个'(each and every)做**周延测试**,比如在'人会死'的主词前添加'每个',得到'每个人(都)会死'为真,所以'人会死'中主词'人'是周延的"。

词项的周延性遵循四条规则:

1. **主词**在**全称命题**中周延;
2. **主词**在**特称命题**中不周延;
3. **谓词**在**否定命题**中周延;
4. **谓词**在**肯定命题**中不周延。

上述规则均由逻辑推理得到。前两条规则易得,因为主词在**全称**命题中受全称约束,那么主词的全部外延都满足断定;在**特称**命题中,主词受部分约束,就意味着只有主词的部分外延满足断定。至于第三条规则,对于任何一个**否定**命题,它都断定**谓词的全部外延**不满足主词,例如"有些**动物不是马**"时,谓词所指示的**马**这个类与主词完全无关,因此具有**周延性**。最后是第四条规则,在肯定命题中,并非断定了谓词的全部与主词的关系,如命题"马是动物"并不是说马是**全部的动物**,它说的是马是动物的**一部分、一种**,因此谓词**动物**不周延。

除了上面提到的几种命题形式之外，还有一种命题叫作**定义式命题**，或**替换式命题**，其主词和谓词在外延的范围上、在量度表的等级上完全相同。比如命题"**三角形**是**三边多角形**"中，主词和谓词可以互换，二者互调位置而不影响命题的真值。因此，这种命题被称为"可替换的"。之所以也被称为"定义式的"，是因为此类命题中的两个词项可以相互**定义**。所有逻辑定义都属于这种定义式的命题，因为在这种类命题中，主词与谓词完全等价。

第 9 章

直接推理：最简单的推理形式

我们知道，判断涉及两个概念，在做判断的过程中，我们必须对这两个概念进行比较，确定它们的异同。推理的过程与此类似。推理涉及判断，所以在推理的过程中，我们需要对两个判断进行比较，由此推导出第三个判断。

最简单的推理形式是**直接推理**，指利用演绎法从一个命题 p **蕴含**某一命题 q 直接得到命题 q。有人称其为"不使用中项的推理"，因为直接推理**只需要一个命题作为前提**，从这个前提可以直接得出结论，无须与命题中的任何其他项做比较。

直接推理主要采用两种方法——**对当关系**和**换位法**。

对当关系存在于这样两个命题之间：二者主词与谓词相同，但主词和谓词的质或量不同。我们将**对当关系律**列出如下：

（1） a. 若全称命题为真，则其特称命题为真。
b. 若特称命题为假，则其全称命题为假。
c. 若全称命题为假，则推出空。

d. 若特称命题为真，则推出空。

（2）a. 两个反对命题中若一个为真，则另一个为假。

b. 两个反对命题中若一个为假，不能推出其他。

c. 两个反对命题不能同真，但可以同假。

（3）a. 两个下反对命题中，如果一个为假，则另一个为真。

b. 两个下反对命题中如果一个为真，则不能推出关于另一下反对命题的断定。

c. 两个下反对命题不能同为假，但可以同为真。

（4）a. 如果两个矛盾命题中一个为真，则另一个为假。

b. 如果两个矛盾命题中一个为假，则另一个为真。

c. 两个矛盾命题不能同为真亦不能同为假，一个为真则另一个必为假。

我们可以借助逻辑学家对命题的分类（见图 9-1）更好地理解上述对当关系律。

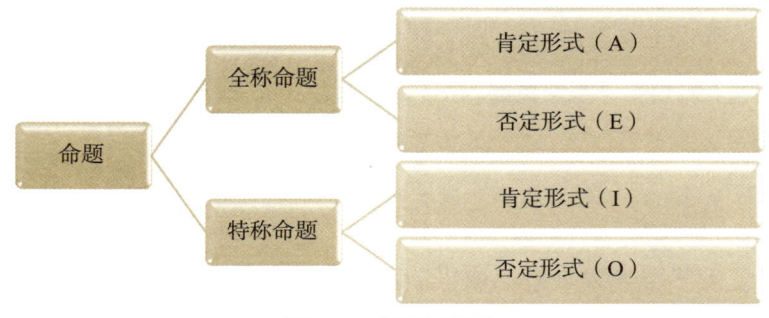

图 9-1　命题的分类

下面为每种情况给出一个具体的例子。

- 全称肯定命题（A）：All men are mortal.（所有人都会死。）
- 全称否定命题（E）：No man is mortal.（没有人会死。）
- 特称肯定命题（I）：Some men are mortal.（有些人会死。）
- 特称否定命题（O）：Some men are not mortal.（有些人不会死。）

为更清楚地表述这四个概念，逻辑学家抽象出了四个命题形式：

（A）All A is B.　　　　（所有A都是B。）
（I）Some A is B.　　　 （有些A是B。）
（E）No A is B.　　　　 （没有A是B。）
（O）Some A is not B.　 （有些A不是B。）

四种命题形式之间具有特定的逻辑关系。

A和E为反对关系；
I和O为下反对关系；
A和I、E和O具有差等关系；
A和O、I和E具有矛盾关系。

如果想充分理解前面讲的对当关系以及随后会讨论的命题之间的转换，我们首先要仔细研究一下这些关系以及表示这些关系的符号。图 9-2 显示了逻辑上的**对当方阵**，主要用来展示四类命题之间的关系。

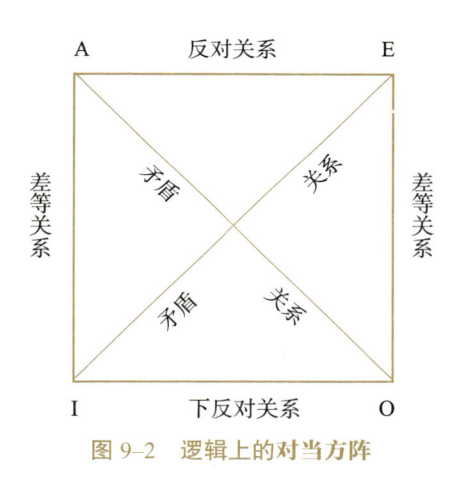

```
         A      反对关系       E
          ┌─────────────────┐
          │╲               ╱│
       差  │ ╲   矛       ╱ │  差
       等  │  ╲    盾   ╱   │  等
       关  │   ╲     ╳      │  关
       系  │    ╲  ╱   关系 │  系
          │   矛 ╳          │
          │   盾╱ ╲   关系   │
          │   ╱    ╲        │
          └─────────────────┘
         I    下反对关系      O
```

图 9-2　逻辑上的对当方阵

直接推理的第二种方法**换位法**本质上也是一种直接推理。换位法通过将原命题的谓词作为新命题的主词，将原命题的主词作为新命题的谓词，从给定命题推导出一个新命题。简言之，**换位法就是对命题的主词和谓词进行置换的过程**。如布鲁克斯所说："将命题或者判断的主词和谓词进行置位，就是对原命题或判断的换位。"由换位操作获得的新命题是原命题的**换位命题**；原命题则为**被换位命题**。

如果一个词项在被换位命题中不是周延的，那它在换位命题中也不应该是周延的。这个就是换位律。它来自一个直观的事实，衍生命题只能断定原命题断定的。

有三种换位情况：简单换位、限量换位、换质换位。

简单换位不改变原命题的量或质；**限量换位**改变原命题的量，将原命题从全称命题转换为特称命题。**换质换位**是通过否定进行的转换，它改变了命题的质，但没有改变命题的量。现在不妨回去看一下图9-2给出的对当方阵。我们接着往前考虑如何把这些转换法应用于以下四种命题。

全称肯定命题（记为A），从全称命题出发，通过改变主词的量和**限量换位**获得特称命题。因为被换位命题的谓词不是周延的，所以在换位命题中也不能用"all"对其做周延。因此，在这种情况下，比如命题"all men are mortal"（A）（所有人都会死）只能转换为"some mortals are men"（I）（有些会死者是人）。

全称否定命题（记为E），借助**简单换位**进行转换，换位前后主词和谓词的质或量都没有变化。因为"E"的两个词项都是周延的，依据换位律，换位命题中的主词和谓词也都是周延的。因此，从"No men is mortal"（没有人会死）转换得到"No mortals are men"（没有会死者是人），是"E"转换为"E"。

特称肯定命题（记为I），通过**简单换位**进行转换，换位前后主词和谓词的质或量也都没有变化。由于主词和谓词在I中都不周延，它们在换位命题中也应该不周延，换位命题还是I命题。如命题"Some men are mortal"（有些人会死）被转换为命题"Some mortals are men"（有些会死者是人），从 I 转换得 I。

特称否定命题（记为 O），通过**否定换位（换置换位）**进行转换，换位前后主词和谓词的质变了，但量没有变。因此，对 O 命题"Some men are not mortal"（有些人不是会死的）进行换位时，我们不能说"Some mortals are not men"（有些会死者不是人），因为这样会使谓词"men"（人）具有周延性，但它在被换位命题中并不周延。为避免这种情况，我们**将否定词从对系词的否定转移为对谓词的否定**，使得被换位命题借助**简单换位**变成"I"命题。因此，我们将"Some men are not mortal"（有些人不是会死的）调整为"Some men are not-mortal"（有些人是不会死的），通过**简单换位**，轻松得到"Some not-mortals are men"（有些不会死者是人）。

有三个基本的思维律能够帮助我们更好地理解上面得到的结果。

- **同一律**：在任何条件下，任一性质等于其自身（与其自身同一）。
- **矛盾律**：对同一时间、地点的同一对象不能同时做出两个相互矛盾的判断。
- **排中律**：在同一思维过程中，两个相互矛盾的思想不能同为假，必有一个为真。

关于这三个基本的思维律，杰文斯教授说，"学生一开始一般很少能看到它们的全部含义和重要性。它们太有用了。一旦使用这些自明的逻辑规律，所有论证都将迎刃而解。毫不夸张地说，如果坚持把这几条规律作为核心论证武器，逻辑的整个框架都会因此变得更加朴素简洁。"

第二部分

推理的类型

THE ART OF LOGICAL THINKING

OR

THE LAWS OF REASONING

第 10 章

归纳推理：从特殊推出一般

归纳推理比直接推理要复杂，是从特殊真理中发现普遍真理、从特殊事实推出普遍规律的过程。例如，根据个人或者族群的经验，我们得出每个人迟早会死的特殊真理，从这个特殊真理推出**所有**人都会死，这样就通过归纳推理获得了普遍真理——所有人都会死。再比如，根据经验，我们知道各种金属受热后都会膨胀，因此推理所有金属都遵守这个规律，即通过归纳推理得到结论——金属受热后都会膨胀。事实上，通过归纳推理得出这样的结论之后，通常这个结论又将构成演绎推理的基本前提。**归纳推理**和**演绎推理**在这个意义上唇齿相依、相互依赖。

杰文斯这样谈**归纳推理**和**演绎推理**的关系："我们通过**演绎推理**研究如何将包含在**前提**命题中的真理搜集起来，放到另一个叫**结论**的命题中。我们在演绎推理中不研究什么样的命题为真，只考虑**当有些命题为真时哪些命题为真**的问题，其中所有需要考虑的推理行为**只是从承认前提为真开始，将真理引向结**

论**，所以都是**演绎的**。正确理解演绎推理自然极其重要，但更要弄清楚的是，演绎推理需要借助归纳推理从观察我们周围世界事实所获得的普遍命题作为其演绎的基础。在这个意义上，理解**归纳推理**似乎更为重要。"哈勒克说，"一个人必须通过自己或者他人的经验为他的论证和推理找到大前提。我们通过检验足够多的个案，利用归纳法对没有检验的剩余的那些案例进行推理，推理它们将遵循相同的规律……只有制定了普遍规则，为研究对象做了分类，且已获得普遍真理作为大前提，我们才能开始做演绎推理。"

这一点现在看起来似乎有点怪。事实上，直到一千年前，哲学家们也都还认为演绎推理、使用三段论的演绎推理是获得所有知识的唯一途径。亚里士多德三段论的影响太大，所以人们一直都喜欢那些人为构造的复杂的**演绎推理**，反而对从身边获取一手事实、根据事实获得普遍规律不屑一顾。现代科学推理方法的兴起可以追溯到约1225—1300年间，这其中就包括归纳推理。罗杰·培根（Roger Bacon）等人最早提出，必须通过对自然存在的事物进行全方位观察和实验，才能得出科学真理。罗杰·培根也据此获得了很多发现。他的想法在300多年后得到了伽利略的回应。伽利略也指出，许多伟大的普遍真理都可以通过仔细观察和巧思的推理得到。与伽利略几乎同一时代的弗朗西斯·培根（Francis Bacon）在他的《新工具论》（*Novum*

第 10 章 归纳推理：从特殊推出一般

Organum）中也展示了许多关于归纳推理过程与科学思维的出色观察和事实。正如杰文斯所说："归纳逻辑关心通过何种推理方式能够从所观察的事实和事件中获得自然规律的问题。而这种推理方式就是做归纳。事实上，所有伟大的科学发现者都在通过归纳进行推理。"

归纳推理包括四个步骤：

- **第一步**，初步观察；
- **第二步**，提出假设；
- **第三步**，演绎推理；
- **第四步**，验证。

归纳推理从特殊的事实或真理出发，将特殊的事实或真理组合起来，得到包含所有此类事实或真理的普遍事实、普遍真理。因此，归纳推理的过程本质上是一个**做综合的过程**。布鲁克斯的想法与此类似，他认为"大脑将特殊事实组合起来形成普遍规律；普遍规律包括具体的特殊事实，把它们聚拢在一起，形成一个原则和思想的统一体。因此，归纳是一个从部分到整体的思考过程，是一个做综合的过程"。此外，还可以看出，归纳推理的过程从特殊事实到普遍规律、从特殊真理到普遍真理、从低维度到高维度、从外延更窄到更宽、从小类到大类，本质上也是一个**上升抽象**的过程。

布鲁克斯这样说，"**归纳**与**演绎**的关系一目了然，它们是彼此的反面。演绎从普遍真理中推理出特殊真理；归纳从特殊真理中推理出普遍真理。这种对立存在于每个个案之中。总的来说，演绎从一般到特殊，归纳从特殊到一般；演绎是一个做分析的过程，归纳是一个做综合的过程；演绎从更抽象的真理获得更具体的真理，是一个向下具化的过程，归纳从更具象的真理获得更抽象的真理，是一个向上抽象的过程。此外，演绎法可以获得必然真，而归纳法则主要获得偶然真。"海斯洛普认为，"定义归纳推理有几种方法，最普遍的方法是将其与**演绎法**进行对比。既然演绎法是从普遍真理获得特殊真理、从上位真理推得下位真理、从原因到结果的推理方法，那么归纳法就可以定义为从特殊到一般、从下位到上位、从结果到原因的推理方法。有时，归纳法被认为是从已知推得未知的推理，但是用同样的方法定义演绎法却会得到荒诞的结论，即演绎法是从未知推得已知的推理（多么荒诞？我们如何能从未知推得已知？）。相比之下，第一种定义方式更好。另外，还有一种好方法可以对二者进行比较。演绎法是**结论包含在前提中的一种推理**。这个定义保证了演绎推理结论的确定性，一旦推理的前提超出词项的全部外延，推理就会陷入谬误。反过来，可以将**归纳推理**定义为**在结论中超越前提的一种推理**……这个推理过程从给定的事实开始，推断出一些更普遍或与之相关的可能的事实，这就是其超越前提的过程。当然，归纳推理和演绎推理一样，都需要遵守某些条件以保证其推理过程符合逻辑要求。归纳推理需要遵守的条件是：结论一定**代表与前提相同的大类**，但也有可能在与所考虑的**已知**事实相关的范畴内出现超出前提范围的偶性差异。"

以下用**磁铁有吸铁的性质**为例具体说明归纳推理的过程。

第一步，初步观察。我们观察到，所有被观察的**磁铁**都有**吸铁**的性质，于是在头脑中记录下这些观察到的现象，"A、B、C、D、E、F、G等，还有X、Y、Z，所有这些均为**磁铁**，它们均有**吸铁**的性质。"

第二步，提出假设。基于上述观察和实验，应用归纳推理的公理——"对多数为真的，对整体也为真"，我们可以形成关于普遍规律或者真理的假设，将特殊事实推广为普遍规律，使其适用于所有同类情况，因此得到："**所有**磁铁都有吸铁的性质。"

第三步，演绎推理。选一块我们没有观察过也没有做过实验的磁铁，根据三段论进行如下推理：

所有磁铁都有吸铁的性质。
<u>这块矿石是磁铁。</u>

因此，这块矿石有吸铁的性质。

在这一步，我们使用了演绎推理的公理——**凡对整体为真的，对部分亦为真**，推出三段论的结论。

第四步，验证。接下来，我们用新的磁铁检验上面提出的假设，看它是否与这一新的特殊事实一致。如果这块磁铁不能吸铁，我们便知道，要么我们的假设有误，有些磁铁不具有吸铁的性质，要么就是对那个特殊"事物"是不是磁铁**判断**有误，这块新的矿石可能**不是**磁铁。不管是哪种情况，都需要再检验、再观察、再实验。如果那块磁铁**确实**能够吸铁，那么这次检验便验证了我们的假设和判断。

第 11 章

归纳推理第一步：初步观察

在逻辑学中，"归纳"的定义是："a.调查和收集事实的过程；b.从这些事实中推断出一个推论的过程；c.有时不太严谨地指从观察到的事实进行推理的过程。"所以穆勒认为，"**归纳**是头脑的一种运作，它允许我们从一个或多个在特殊情况下为真的事实推出其在与此相似的所有情况下都为真的结论。换言之，**归纳**是从某类中个体为真的前提推出整个类中所有个体都为真的结论的过程，或者从在特殊时刻为真的事情推出其在类似的情况下在任何时刻都为真的过程。"

归纳的基础是这一条公理——"**凡对多数为真的，对整体也为真**"。著名学者埃舍[①]对此公理更具体的表达是："如果一个性质为许多同类个体所有，那么这个性质也为同类中所有个体所有；如果一个性质不为同类中任何被检验的个体所有，那么也不为同类中任何其他个体所有。"

---

① 威廉·埃舍（Wilhelm Esser），德国学者、逻辑学家、哲学家。——译者注

归纳法的这条基本公理基于这样一个信念，即大自然的规律和表现都是规律的、有序的且**统一的**。如果我们假定自然没有呈现这些品质，那么这个公理注定失败，所有的归纳推理都将成为谬误。诚如布鲁克斯所说："归纳法就好像我们从事实爬升至规律的梯子，梯子要想站得住，需要有东西支撑，这个东西就是自然规律的恒常性。"有学者认为，对自然规律恒常性的感知其本质就是真理，是**直觉**能够感知到的真理，或者是人类头脑直接内化获得的规则。还有人认为自然规律本身就是一个**归纳**真理，可以通过经验和早期的观察获得。我们在不知不觉中注意到了自然现象的恒常性，然后几乎本能地推知这种恒常性是持续的、普遍的。

一般有两种归纳形式——**完全归纳推理**和**不完全归纳推理**。也有学者使用其他名称，但都指这两种归纳。

完全归纳推理的先决知识为"**所有**个例构成一个完整的类"；它要求以归纳推理的形式了解并列举构成一个类的**所有**个体对象。比如，如果我们**确定**知道布朗有八个孩子，分别叫约翰、彼得、马克、卢克、查尔斯、威廉、玛丽和苏珊，且每个孩子都长雀斑、红头发；那么，与其简单地**概括**说"约翰、彼得、马克、卢克、查尔斯、威廉、玛丽和苏珊都是布朗的孩子，都长雀斑、红头发"，我们还可以惜墨如金，**归纳**说"布朗的孩子都长雀斑、红头发"。注意，完全归纳推理**只对前提所涵盖的**

第 11 章　归纳推理第一步：初步观察

陈述内容做归纳，不会将归纳范围扩展到所掌握的实际数据之外。完全归纳推理有时也叫"逻辑归纳"，因为这种推理是一种逻辑必然，不允许有错误或例外。有些学者认为完全归纳推理不属于真正的归纳，至少不是严格意义上的归纳法，它更接近于枚举，在现实的实践中几乎用不到，因为我们几乎不可能知道所有个体的情况后再去推断普遍规律或真理。鉴于这一困难，我们后退一步，看一种更符合实际情况的归纳形式。

不完全归纳推理，有时也叫"实际性归纳推理"，它是一种假定我们已知的具体实例正确地代表了所有未知情况，即用已知事实代表整个类的一种归纳推理过程。在这个过程中，**结论**显然**扩张**到了所掌握的基础数据之外，因此此类归纳推理必须调用"**凡对多数为真的，对整体也为真**"这条基本公理。也就是说，必须**假定**这部分情况能够代表全部情况，不是因为我们通过实际经验**知道**它是事实，而是因为我们依据公理**推理**得来，同时它也符合我们的经验。由此得到的结论可能不像完全归纳推理的结论那样在最完整的意义上为真，但它至少是在没有更好、更全面的知识的情况下所能推出的最合理的结论。

在考虑归纳推理过程的实际步骤时，不妨采用前一章中杰文斯提出的四个步骤。相较学者们青睐的技术性强的分类方法，这四步分类更加简洁，也更便于理解。下面让我们来逐一看一下这四个步骤。

第一步，初步观察。如果自己或他人没有通过观察和记忆获得对特定对象的经验，就无法获得归纳推理所需的基础事实，并在此基础上做概括和归纳推理。所以我们必须形成针对研究对象的各种清晰的概念或者想法，然后才能期冀为这些具体案例做概括。前面几个专门讨论概念的章节中，可以看到形成以及获得正确概念极其重要，它们是正确推理的基础。概念是正确推理的基本素材。为实现完美推理，必须先有完美的原材料且原材料数量充足。对于任何人来说，他对外部世界的事实和对象了解得越多，从中进行推理的能力就越强。如果推理是一台运转的机器，那么概念为其提供原材料，完美的原材料可以产出完美的思想。

哈勒克认为，"（若要实现归纳推理）必须先做素材的展示。假设我们想形成**水果**这个概念，就必须首先感知各种水果——樱桃、梨、木瓜、李子、醋栗、苹果、无花果、橙子等。在进入下一步之前，我们必须先形成关于各种水果的清晰准确的图像。如果我们想要所形成的概念绝对准确，就不能漏掉任何一种水果。实际上，这显然不太可能，我们只能尽可能考察更多的水果种类。一旦感知不够准确或者有局限，思想的产物肯定就不够可信。"

了解周围事实和事物的初步观察主要有两种方法：

第 11 章 归纳推理第一步：初步观察

（1）**简单观察**。在没有人为干预的情况下感知各种偶发事件，进行初步观察，由此感知潮汐的运动、行星的运行、天气的变化、动物的生死等。

（2）**实验观察**。借助实验进行观察，或者通过各种相关的偶发事件，观察其结果。这里的**实验**指"对事物的试验、证明或测试，是一种旨在发现未知真理/原则/效果或旨在测试某种公认真理/原则的行为、操作或过程"。霍布斯认为，"若干这样的**实验**就构成了我们所谓的**经验**"。杰文斯也说："做实验就是用更多的同类现象做观察，也即管控需要观察的事物的过程。相对于单纯的观察，实验有两大优势。其一，对于正在考量的事实，实验往往比单纯观察自然事件能够提供更多确定且准确的知识……其二，这一点是人为实验的优势，使我们有能力发掘全新的事物，了解新事物的性质……如果你认为实验也是一种归纳推理，能够直接为我们提供那些自然的普遍法则，恐怕就大错特错了。**实验只能提供一些基础事实，供后续推理使用**……所以实验只是为我们提供了事实，只有通过严密推理，才能知道在什么情况下还可以再次观察到相同的事实。**它所遵循的普遍规律就是：同样的原因产生同样的结果**。只要同类案例与原始案例足够相似，不是简单的表面上的相似，那么在原始案例中发生的，在所有同类案例中也都会发生……一旦我们通过反复实验，尝试了周围所有可能对所得结论产生影响的事物之后，以后再对类似情景进行推理，就可以更有信心……为了能够从观察和实验中了解自然规律并预见未知，我们还必须做概括。概括就是从特殊案例中获得普遍规律，从所观察到的小范围内正确的情况推理出它对于这些情况所在的整个属或类都正确的情况。做出正确的概括需要判断力，也需要技巧，因为推理所依据的案例数量以及案例特征直接决定了概括的正确性。"

我们已经讨论完归纳推理的第一步——初步观察。下面章节我们将继续考察其他几步，看一看如何使用观察和实验获得的事实和想法实现推理的后续步骤。

第 12 章

归纳推理第二步：提出假设

顺着杰文斯的四步分类，归纳推理第二步为"提出假设"。

什么是**假设**？假设是"一个**假定的或者已被普遍接受**的推测、命题或者原则，从其出发，可以得出某个结论，或者从它可以通过推理证明某个观点，回答某个问题；是为了利用演绎法证明某件事情而假定的或者已被接受的命题，不是通过证明得到的命题"。后面我们还会看到，"假设"只是**可能真、不必然真**的命题，也叫**工作假设**[①]，工作假设的真假需通过观察的事实来进行检验。假设既可以是假定事物的**起因**，也可以是假定支配事物的**规则**。另一个与假设比较相似、经常与假设混淆的概念是"理论"。

什么是**理论**？"任何理论本质上都是一个假设，只不过是经过验证的假设；是一个已被确立为真、显然为真的假设。"有学者指出："**理论这个词比假设更有力**。任何一个**理论**都需建立

---

① 英文对应 working assumption，指提出来以供论证的假设。——译者注

在一系列规则之上，这些规则都应建立在独立的证据之上；而一个**假设**只是一种假定，是对可能导致某一现象的原因的假定，但不一定有证据表明这个原因就是实际起作用的那个原因。从形而上学的角度看，任何理论在本质上都是假设——一个有大量可能证据支撑的假设。"布鲁克斯说："当一个假设可以用来解释所有已知的事实，而这些事实种类足够丰富、涵盖范围足够广泛，那么它就能成为一个理论。于是我们就有了万有引力定律、哥白尼的日心说、光的波动理论等，这些学说最初都只是假设。这就是归纳哲学中对'理论'的定位。时常有被废弃的假设成为理论，而有时真正的理论也被当作假设。"

提出假设需要很多步骤，且各步之间迥然不同。首先，通过完全归纳推理或逻辑归纳法给出一个假设，主要方法是简单归纳或者简单枚举。上一章提到的"布朗的孩子都是红头发、都长雀斑"那个例子就很典型。提出一个假设需要基于某些相关对象和事实，所以需要逐一检查每一个对象或者事实，了解每一个对象或者事实的相关情况。汉密尔顿爵士认为，完全归纳推理是唯一一种正确的思维规律，它不会扩展到经验之外，更接近于数理推理。

不过，通过不完全归纳推理进行推理而建立假设的过程更重要，因为我们往往很难实现完全归纳。在这个过程中，我们从已知推得未知，超越已有的经验，并根据归纳推理的公理做各种真正意义上的归纳推理。这个过程涉及事件起因所依附的对象。杰文斯认为，"引发一件事情的**原因**就是推理的前件（或系列前件），从这个（系列）前件出发可以推出所讨论的事情。大部分人很难理解'引发一个事件的**原因**'到底意味着什么。其实，'引发一个事件的**原因**'**只是对于后件事件而言必须存在的，除此之外，没有别的意义。**"引发事件发生的原因往往模糊不清，较难确定。造成这种困难的原因可能有以下五种：第一，原因超出了我们的经验，是我们无法理解的；第二，各种原因之间相互关联作用，很难根据相关原因发现主要的原因；第三，原因以伪装的方式出现，具有迷惑性；第四，某个结果或有多个可能的原因，每个原因都可能导致这个结果；第五，看似是某个结果的一个原因，可能只是第一因①的另一个结果。

鉴于上述难点，穆勒设计了**一致法**、**种差法**、**剩余法**、**共变法**等几个测试来确定特殊情况中的因果关系。美国哲学家阿特沃特②对这四种方法的具体定义如下。

一致法：在没有任何反力作用的情况下，任何给定的对象或主体如果产生了给定的结果，那么该对象或主体是该结果的原因。

---

① 即初始原因。——译者注

② 莱曼·阿特沃特（Lyman H. Atwater），美国长老会哲学家，著有《符号逻辑手册》。——译者注

种差法：如果假定为原因的那个原因存在，那么结果就存在；该原因不存在结果就不存在，且无论哪种情况都没有任何其他因素影响所得结果，那么就可以合理地推断假定的原因就是真正的原因。

剩余法：如果在任何情况下，我们发现评估所有已知原因的效果之后，始终会出现某个剩余的结果，那么我们就说这个结果是由尚未考虑到的对象导致的，没有检查的余下的对象才是真正的原因。

共变法：如果前件变化，结果也变化，那么前件和后件就具有某种因果关系。

阿特沃特还补充道："如果这些标准都与已有的事实不冲突，尤其是当几个标准同时共现时，那就说明所观察到的案例能够充分代表整个类的情况，保证得出的归纳结论是有效的。"

杰文斯提供了几个有价值的检验方法。

一是如果实验对象的数量可以改变，就可以运用以下规则来发现哪些是因、哪些是果：改变一个事物的数量，至少先使其数量变大一次，再变小一次，如果发现其他同类事物也跟着变化，那些事物就非常可能会是**果**。

二是当事物的变化规律且频繁，则可以**遵循**"在完全等长的时间段内发生变化的事物百分之百相关联"这条简单的规则来判断这些变化之间是否有因果关系。

三是**如果事物之间不能确定其在重要的方面彼此相似**，就很难解释我们如何能通过概括从单个事物推理到一类事物……我们应该根据什么去论证呢？我们需要从特殊事实中得出普遍规律，但只有遍历归纳推理的所有步骤才能实现。在进行了某些观察之后，我们必须提出相关假设或者提出继续进行推理所依据的普遍规则。接下来进行演绎推理，尽可能利用更多的案例去验证，此后我们就可以知道未来如果再出现这类事件，我们在多大程度上可以做同类推理……如果没有形成关于此类事件的完整理论，我们就很难判断什么时候我们可以用这种简单的方式从某个部分可靠地推理出其他部分，什么时候又不可以使用。在这种情况下，**唯一**可以帮助我们进行推理的规则是，**如果几个事物只在几个属性上相似，那么在断定这几个属性在其他情况下也始终相似前，我们必须先观察更多的案例。**

第 13 章

归纳推理第三、四步：演绎推理、验证假设

如何更好地解释假设的由来呢？这个问题常常会让老一辈哲学家和逻辑学家不知如何回答。如果我们仔细想想不难发现，实际上假设的形成过程不是将事实或想法简单地做组合或综合，它实际上还涉及一个心理过程。这个过程可以帮助事实或想法演变成假设或理论，提供了假设或理论产生的一个**可能的原因**。这个心理过程是什么呢？布鲁克斯说得好，"科学假设源于某种预期。它不是单纯对事实做综合而得到的结果，因为仅通过组合事实无法提供任何规律或者原因。我们看到的不是规律，而是事实。我们是从事实出发用**头脑思考其中的规律**。借助那种预期，我们的头脑经常可以从几个事实跳到产生它们的原因或者支配它们的规则。许多假设最初都只不过是**一种正向的心灵直觉**。它们就是拉普拉斯（La Place）称为'一个伟大的猜想'的那个猜想，是柏拉图称为'关于真理的神圣猜疑'的那个猜疑。我们若要形成假设，就需要有善于联想的头脑、积极活跃

的想法、哲学式的想象力，要允许它们通过外在之形瞥见一丝思想之光，看到隐藏在事实背后的规律。"

如果你学过新心理学，可能会把假设的形成看作一种心理运作。你会认为形成假设是"思维在思考（事物运行的）规律"——一种潜意识甚至超意识的活动。这样看待假设的形成不但能够解释老派心理学不能解释的问题，还与其他人在这个问题上的观点一致（如上述布鲁克斯引文中的观点）；此外，这个思路也符合许多伟大假设的形成过程。比如威廉·汉密尔顿爵士在都柏林天文台散步时，发现了非常重要的四元数的基本运算规律。他的发现并非一蹴而就。在这个问题上，他思虑已久，只是一直没有结果。直到那天晚上，他突然"感觉思想的电流循环"闭合了，他发现了基本的数学关系，解决了这个问题。再比如贝特洛的化学发现。贝特洛是法国著名化学家、合成化学的奠基人。他做过许多著名的实验，这些实验又引导他得出了许多杰出的发现。但他曾证实，这些实验很少是有意识的思考或者纯粹推理的结果；相反，它们都是"自己"来到他面前的，就好像"从晴朗的天空飘然而来"。在此类以及其他许多类似的情况中，心理运作无疑是纯粹主观的、潜意识的。哈德森（Hudson）博士认为"主观思维"不能做归纳推理。他认为主观思维的运作是纯粹演绎的，但是许多著名科学家、发明家和哲学家的发现却恰恰相反。

在这个问题上，我们想引用汤姆森（Thomson）的一段话，这段话很有趣。他说："使奥肯这个名字永垂不朽的那套解剖系统理论只是他脑海中闪现的一个预期，可能就因为他在一次散步中偶然捡到的一块鹿头骨。这块头骨历经风吹日晒，已经风干变白，他瞟了一眼，惊呼道'它竟然是脊柱的一部分啊！'然后就提出了解剖思想。当牛顿看到苹果掉在地上，他脑海中闪过的预期问题是什么呢？是'为什么其他天体不会像这个苹果一样掉下来？'这两个例子都是偶性事件，它们没有任何重要的重叠；但在这两个例子中，牛顿与奥肯都已经做好了充足的准备，他们对那个问题已经有了深入的研究，所以能够从那些看似微不足道的事实获得启示，并将这些事实变得无比重要。即使没有在这个节点出现苹果或者鹿的头骨，其他掉落的东西、其他动物的头骨也会触动那根绷紧的弦。这两个故事都有一个重要的步骤，叫作'预期'。奥肯从一节椎骨看到了一具完整的骨骼，牛顿从一个落体想到了整个宇宙都充满了摇摇欲坠的天体……"

当然，不能假设所有作为潜意识闪现进入意识领域的假设都必然为真或必然正确；相反，其中许多假设都是不正确的，或者说，很多假设只是部分正确。潜意识并非无懈可击、无所不知，潜意识只是根据提供给它的材料产生了一定的结果。但是，即使是错误假设，它对形成正确的假设往往也有很大的价值。正如惠威尔[1]所说："试错是大多数人找到正确猜测的唯一途径。"据说开普勒在提出三大定律之前已经提出了至少 20 种关于地球运行轨道的假说。如布鲁克斯所说："在科学研究中，即使不正确的假设也富有价值，因为它们可能会指向更多正确的推测。"开普勒假设天体以**地球**为中心做圆周运动，由此产生了本轮等概念，最终形成了能够解释它的真理理论。化学中的"燃素学说"也是如此，它帮助人们认识了许多事实，使"氧化"取代"燃素学说"成为终极真理。因此，汤姆森说："'自然界厌恶真空'理论[2]将许多以前认为不相关的同源事实聚到了一起。即使它不正确，只要符合事实，它在科学领域也会有一席之地；一旦出现了用它无法解释的事实，我们要么会去修正它，要么会寻找新的理论代替它。有人就曾说，科学的道路上遍布被抛弃假设的遗骸。"

哈勒克认为仓促推理危机四伏："人们只有不断进行不完全归纳推理才能不断前进，但从太狭隘的经验出发进行归纳推理潜藏着很大的风险。比如一个小孩子，他家里养过一两只狗。这两只狗恰好都很温顺，于是他便认为所有的狗都很温顺。可

---

[1] 威廉·惠威尔（William Whewell），英国科学家、哲学家，是首位使用"科学家"这个名词的人。——译者注

[2] 这是亚里士多德的名言，用来解释水管里的空气一旦被抽走，水就会沿着水管往上流的现象，所以亚里士多德说"自然界厌恶真空"。——译者注

能直到他（遇到凶狠的狗）被严重咬伤，他才会发现自己的假设不对。显然他的归纳推理太过草率，得到结论之前所检验的案例太少。同样地，一个农民在某个纬度种植的作物个头较大，这种情况出现过一两次，他可能就会认为种植这种作物有利可图，但很可能之后很多年都没有出现如当初那么大的植物来验证他的归纳推理。再比如，一个人选择信任某些人，而这些人恰好都很诚实，他就得出结论，认为所有人都很诚实。可能在他遇到一个不诚实的人之后，这个结论才会遭到质疑。人们年龄越大，在形成归纳结论时一般会越谨慎，会记录更多的实例并做比较。但是，即使是最聪明的人也会犯错。比如，最初人们都接受'天鹅都是白色的'这个普遍事实，因为没有人见过黑色的天鹅，所以'天鹅都是白色的'虽然是推断，也被人们认为是真断定。直到有人在澳大利亚发现了黑天鹅，人们才改变了对之前归纳结论的看法。"

关于假设的成功概率问题，布鲁克斯认为，"一个假设的成功概率与它所考察的事实和现象成正比。这一点很容易理解。一个假设能够解释的事实和现象数量越多，我们对它的正确性就越有信心……如果对于所考虑的事实存在多个假设，那么能够解释更多事实的那个假设正确的可能性更大……要验证一个假设，就必须证明它可以解释所有的事实和现象。如果事实数量庞大，种类繁多，且人们提出假设时已对研究对象进行了非

第 13 章 归纳推理第三、四步：演绎推理、验证假设

常彻底的调查，可以确定没有遗漏任何重要的事实，那么就可以认为这个推测是正确的，这个假设也是经过验证的。因此，地球绕地轴'每日自转'的假设足以解释昼夜连续的现实，被认为是绝对正确的。这是惠威尔博士和许多思想家关于如何验证假设的基本观点。然而有些学者，如穆勒及其同一学派的人士都坚持认为，要验证一个假设，我们不但必须证明它解释了所有的事实和现象，还要证明同样的现象没有其他假设可以解释……两种观点相比较，我们认为前一种验证观点是正确的。后一种观点虽然显得完美，但显然如果要依据这种观点进行证明，任何假设永远都无法被证实。"

杰文斯说："在做验证这一步，我们会将所得的演绎推理与已经收集到的事实进行比较。在必要和可行的情况下，我们还可能开展新的观察，设计新的实验以确定所提出的假设是否符合自然规律。如果在我们的推理结果和观察之间存在若干显著分歧，那么这个假设很可能是错的，必须再提出新假设。有时只需要对假设做细微的调整就能够使推理符合更多观察。因此，如果我们手里有一个似乎与一些事实相一致的假设，那么我们不能立即下结论认为它是绝对正确的。我们应该首先在各种情况下尝试从它开始再做推理，尽可能去验证它的推理结果，将这些结果与我们通过感官观察到的事实进行比较。如果一个假设反复被证明是正确的，尤其当它使我们能够预测我们无论如

何不会认为是真或不能发现的东西时，我们便可以肯定这个假设是一个真假设……有时也会出现两个甚至三个完全不同的假设都与某些事实一致，导致无法做出选择……因此，如果有两个假设，而且它们一样好，那我们需要发现某种事实或事物，它与一个假设一致、与另一个假设不一致，这样我们就能立即做出判断：与该事物一致的假设为正确假设，不一致的为错误假设。"

在上述关于假设的"验证"的讨论中，我们看到人们基于同类"事实"验证假设的正确性。这些**事实**可以是观察到的现象、容易感知的事实，也可以是通过演绎推理获得的事实。如果假设为真，那么通过演绎推理获得的事实也为真。因此，如果我们提出"凡人皆会死"的假设，那我们可以通过演绎法进行推理：每一个**人**，只要是人，迟早都会死去。然后，我们在**每一个**观察和实验对象上检验我们的假设。只要我们发现有一个人没有死，那么我们提出的假设就会被推翻；相反，如果所有人（此为本案例中的"事实"）都会死，那么我们的假设就得到了证实，或者说可以成立。在这种情况下，演绎推理的过程是这样的："如果某某对某某所在的类为真，那么如果某物属于某某所在的类，则某某对这个特定的某物为真。"这个论证采用了第9章提到的假言命题，假言命题的论证过程构成了演绎推理针对全称对象的那部分讨论。因此，正如杰文斯所说，"演绎

第 13 章 归纳推理第三、四步：演绎推理、验证假设

推理先于验证，是归纳推理的第三步"。哈勒克也说，"在利用归纳法对特殊现象进行分类之后，我们得到了一个大前提，在这个基础上，我们可以继续利用**演绎法**对更多属于该类别的新样本进行推理。归纳推理亲手呈递给演绎推理一个现成的大前提……演绎推理则把这个大前提当作事实直接进行推理，这时演绎推理就不再追究大前提的真实性……只有在给出了普遍规律，给研究对象做了分类，形成了大前提之后，才能开始**演绎推理**。"

到这里，我们已经做好准备，从下一章开始，我们将开始考虑逻辑上最著名的"演绎推理"。

第 14 章

演绎推理：从普遍发现特殊

我们已经看到，推理主要分为归纳推理和演绎推理两大类。**归纳推理**从特殊真理中发现普遍真理，**演绎推理**则从普遍真理中发现特殊真理。

既然演绎推理是从普遍真理中发现特殊真理的过程，那么从"所有马都是动物"这一命题所体现的普遍真理出发，如果考虑"多宾是马"这个相关的从命题，就能够做演绎推理得出特殊真理——"多宾是动物。"我们也可以从普遍真理中获得特殊真理。下面就是用演绎三段论形式表达的例子。

- 所有蘑菇都好吃。
- 这种菌类是蘑菇。
- 所以，这种菌类很好吃。

杰文斯说："这三句话讲了三个不同的事实。一旦知道前两个事实为真，我们就可以从前两个事实获得第三个事实。当我们从一些事实中获得某一个事实的时候，我们是在做**推断**或**推**

第 14 章 演绎推理：从普遍发现特殊

理。这个过程是在头脑中进行的。因此，我们无须亲手做试验，使用推理就可以确定事物的本质。如果我们总是需要先尝一尝才能知道一个东西是否好吃，那么恐怕中毒事件会层出不穷。比如对于蘑菇，安全的推理方法是，先借助眼睛或者鼻子获得蘑菇的外观和特性，再根据蘑菇好吃这类已知的信息进行推理，最后得出结论——面前这种菌类很好吃，食用它不会有危险，也不会带来麻烦。所以，**推理就是从其他知识中获得某些知识的过程**。"

我们还将认识到，**演绎推理**本质上是一个**分析的过程**，因为它的推理方向是从普遍获得特殊，即分析普遍真理，由此获得它所包含的特殊真理，最后断定"在整个类上普遍为真的，对其特殊个体也为真"。从普遍真理"所有人都会死"，可以知道特殊真理"约翰·史密斯会死"，因为"约翰·史密斯是人"。所以，我们从关于"所有人"的普遍真理推理出关于约翰·史密斯的特殊真理。我们分析"所有人"的情况，发现约翰·史密斯是其中一个情况。因此，"**演绎**是从整体到部分的推理过程，是一个分析的过程"。

此外，**演绎推理**本质上是一个**递减的过程**，因为它从普遍到特殊，是一个向下减少、从高到低、从宽到窄的过程。诚如布鲁克斯所说，"演绎从段位更高的真理下沉到段位较低的真理、从规律下沉到事实、从原因出发到达现象……给定一个规律，可以通过演绎推理下沉到符合该规律的具体事实,即使这个事实我们从来没有见过;利用这种推理,我们可以观察到,甚至获得未知的现象。"

普遍真理是演绎推理基础的大前提。普遍真理的发现方式有很多种。大多数是"归纳推理",来自经验、观察和实验。例如本章第一个例子,只有我们之前对马和动物做过普遍研究,否则无法断定"所有马都是动物"为真,也不能断定"多宾是一匹马"。同理,如果之前没有研究、没有经验、没做过实验,我们也没有办法断定"所有蘑菇都好吃",或者"这种菌类是蘑菇",因而无法得到"这种菌类很好吃"的结论。当然,我们必须足够确定这种菌类的确是蘑菇,否则会有中毒的风险。这里的普遍真理无论如何都**不能通过直觉**直接获得,只能通过我们自己或者他人的经验得到。

有些学者认为**有一类普遍真理可以通过直觉获得**。哈勒克曾说:"有些心理学家认为,我们所掌握的有些知识既不是归纳推理的产物,也不是通过演绎推理获得的,而是在我们感知某些对象的那一刻就识别出来了,我们大脑里没有进行任何推理。这类通过直觉获得的知识包括时间观念,比如我们感知一个对象便立即知道它处于某种时间关系中,何时存在着;空间观念,比如整体大于部分、同时等于第三个事物的两个事物彼此也相等、一条直线不能形成平面等,这些都是我们立即或凭直觉可以直接判断为真的断定。即使试图再去证明其为真,也不会让我们对其为真的事实更确定。这种断定是不言自明的,是我们通过直觉直接获知的事实。数学和逻辑中的公理都是通过直觉获得的。"

不过,还有一些学者否认真理是直觉知识、直觉真理。他们坚持认为人类的所有想法都来自感官和反思,而我们所说的"直觉"只是感官和反思的结果,**靠记忆或者遗传基因复制而来**。他们认为动物和人类的**直觉**只是人类作为物种或者个人的经验的表现,源于个人贮存在潜意识中的印象。哈勒克对这种观点的评价比较直白。他说:"这一派将'直觉'等同于'本能'。它承认小鸭子深谙水性完全出于本能,它们一头扎进水里,无须学习,天生会游泳。他们认为鸭子的祖先并非如此,它们是通过积累经验慢慢获得这些知识的。那些水性练习好的幸存了下来,通过修改基因将这样的知识传给了后代;而那些水性学习不好的就在生存斗争中丧命了……他们认为关于因与果的直觉也是这样产生的。人们世世代代都看到这个原因总是得到这个结果,通过它们之间这种不可剥离的联系,人们认识到了它们之间的必然因果。人们倾向于考虑这些关系中的所有现象,通过基因将这些规律遗传给后代,直到对这种关系的认识成为一种直觉。"

另一类普遍真理则是纯粹假设性质的。说它们是"假设性质"的，是因为它们"基于某个假设，或包括某个假设；是假定为真或者被认为理所当然为真的，不是以证明了的观点或者通过演绎推理证明为真的"。比如，物理科学的假设和理论会被当作演绎推理的普遍真理。假设性质的普遍真理本身就被假定为真，然后以此为大前提进行演绎推理。如果没有这样的假设，演绎推理不可能实现。假设性质的普遍真理更多被当作规则来使用，而不仅仅是一个假设。从经验、实验和归纳推理的角度来看，它们是十分合理的假设。比如万有引力定律，它虽然是假设性质的，但它是基于巨量事实和现象进行归纳推理的结果。

演绎推理最根本的基础是那条从先贤那里继承下来的逻辑公理："**凡对整体为真的，对部分亦为真**。"之后的学者也将其表述为："凡对普遍事实为真的，对特殊事实也为真。"这一公理是我们进行"演绎推理的基础"。它为我们提供了演绎推理或论证的有效性。如果有人要求我们证明"这种菌类很好吃"，我们就能够通过上面那条公理（"凡对普遍事实为真的，对特殊事实也为真"）进行证明。如果普遍事实是"蘑菇"都好吃，那么针对这个特殊事实"这种菌类"是蘑菇，"这种菌类"也一定好吃。所有的马都是动物（此为普遍事实），根据上面的公理，多宾作为马的一个特殊个体一定也是动物。

以上公理还有其他表述方式。例如，"在一个范围内，凡整体具有（或不具有）某种性质，其部分也应具有（或不具有）

第 14 章 演绎推理：从普遍发现特殊

某种性质"。这种表达形式显然继承了汉密尔顿的风格，汉密尔顿说："凡全体事物所具有的性质，其每个个体也都具有；凡全体事物都不具有的性质，每一个个体也都不具有。"亚里士多德构造其全称命题定律的表述方式也与之类似："凡某类事物全部具有某种属性，则该类事物中的每个个例也具有该属性；凡某类事物全部不具有某种属性，则该类事物中的每个个例均不具有该属性。"

演绎推理还有另一种形式，因为它是数学中采用的推理形式，所以有时也被称为"等同于同一事物的几个事物彼此也相等"。这是数学原理。如，x 等于 y，y 等于 5，因此，x 等于 5。用逻辑术语表示为："A 等值于 B，B 等值于 C，因此，A 等值于 C。"由此可见，这种推理形式与演绎推理的普通形式一样，都严格依赖于某个**中介**，即以第三个事物作为媒介，"两个事物通过它们与第三个事物的关系来实现二者之间的比较"。

布鲁克斯认为："说数理推理具有确定性，主要有几个原因。第一，数理推理的基本想法是确定的、必然的，是对量的精确的概念化；第二，数学定义和这些基本观念一样，都是必然的、准确的且无可争辩为真的；第三，数理推理都是不证自明的必然真理，它们是我们进行比较得到结论的依据。利用必然为真的推理规则对这些确定的想法进行比较，其结果也必然为真。换言之，以这些定义和公理作为三段论的大前提，所得结论自然是无懈可击的。数理推理没有给错误任何潜入推理过程破坏我们获取真理的机会。"

最后，我想用杰文斯的一段话结束本章讨论。这段话值得玩味。他说："有一条简单的规则，它保证我们可以检验许多论证的真实性，甚至包括那些不符合任何逻辑规则的论证。这条规则是，**凡对一个项为真的，如果另一个项与其含义相同，那么对另一项也为真**。换句话说，**如果我们知道两个项含义相同，即可以始终用一个项替换另一个**。如此一来，毫无疑问，马是动物，因此马的头就是动物的头。这个论证不能归入三段论规则，因为它在两个命题中包含了四个逻辑项——马、动物、马的头、动物的头，但它完全符合我们给出的这条规则，因为我们将'马的头'中的'马'直接替换为'动物'了。很多论证都可以用这种方式来解释。黄金是一种金属，因此一块黄金就是一块金属。黑人是同胞，因此谁打了黑人，谁就打了同胞。"

但是，杰文斯也说："如果仔细检查一下我们是如何进行推理的，就会发现这类推理都是**用一个词项替换另一个词项，替换的时候，我们知道两个词项本来就有某种相关和相似**。（这里的问题是）我们把'相似性'作为某种桥梁，把我们对一件事情的认识引向了对另一件事情的认识；因此（在这里），**所谓真正的推理规则就可以称为替换相似项的规则，是从相似到相似的规则**。我们从充当中间项或第三项的事物的特征推断出另一

第 14 章 演绎推理：从普遍发现特殊

个事物的特征，所以现在的逻辑是，如果我们确定两项事物之间确有相似，那么推理就确定成立；如果这种相似性只是可能的，或者是我们猜测的，那么我们的推理只能是可能的，而非确定的。因此，这种基于替换性的演绎推理并非必然成立。"

第 15 章

三段论：逻辑严谨的论证

推理经过"形成概念"和"做判断"两个阶段之后进入第三阶段，也是最高阶段——一般被称为"推理"的阶段。第一句话体现了"推理"的两种常用含义，其中"推理"的第一次出现为推理的广义解读，指推理的整个过程，包括前面两步和最后一步，而"推理"的第二次出现则为其狭义解读，单独指推理的第三个阶段。本章使用"推理"的狭义概念。这一步推理包括一个借助第三者对两个对象进行对比的过程。比如，我们从（a）所有哺乳动物都是动物和（b）马是哺乳动物，推得（c）马是动物。其最基本的原则为：通过对比两个思维对象与第三个对象的关系，来确定这两个思维对象的关系。这种推理过程的自然表达形式就是"三段论"。

关于三段论，如果想形成清晰的概念，必须首先理解三段论是一个什么样的推理过程。事实上，这个过程本身并不复杂。假设有三个对象，分别为 A、B 和 C。我们想比较 C 和 B，但是没有办法直接比较 C 和 B。那么，我们可以通过比较 C 和 A

第15章 三段论：逻辑严谨的论证

以及 B 和 C 来获得 C 和 B 的关系。因此，我们先有两个命题：

- C 等值于 A。
- B 等值于 A。

然后从以上两个命题做推导。如果 C 等值于 A，且 A 等值于 B，那么逻辑上可以推出 **C 等值于 B**。这个过程是在**间接**做比较，是一个利用中介做比较的过程。我们没有直接比较 C 和 B，而是通过 A 这个媒介间接地比较 C 和 B。因此，A 被称为 B 和 C 的**中项**。

在命题表达中，这种推理过程包含三个思维对象，由三个思维对象构成推理的基本形式。正如布鲁克斯所说："推理过程通过最简单的移动，即通过两个对象与第三个对象的关系，实现了对这两个对象的对比。"由此得到了著名的**三段论推理**。瓦特利说，"三段论是以严格的逻辑形式表达出来的论证，仅从表达的结构中就可以看出其结论，根本不需要考虑各项的含义。"布鲁克斯认为："所有推理都可以用三段论的形式表达，而且一般都是用三段论的形式表达的。三段论对于归纳推理和演绎推理同样适用，它是归纳推理和演绎推理过程的重要表现形式。作为一种思维工具，三段论有其重要性，因此受到了特殊关注。"

为清楚地理解三段论之本质及其用途，直接展示"三段论规则"效果最好，可以帮助我们完美地理解三段论。

任一三段论若想成为**完美**三段论，则应遵循以下规则：

规则1：三段论包含且只包含三个命题，分别是（1）**结论**，即需证明的命题；（2）**前提**，即用来证明结论的命题，包括**大前提**和**小前提**。采用以下示例可以看得更加清楚：

- **大前提**："Man is mortal"（人会死，即"A is B"）；
- **小前提**："Socrates is a man"（苏格拉底是人，即"C is A"）；
- **结论**："Socrates is mortal"（苏格拉底会死，即"C is B"）。

上述三段论无论使用文字表达还是用符号表示，在逻辑上都是有效的，因为结论必须在逻辑上从前提推出。在这种情况下，前提为真，必然得出结论为真。瓦特利说："如果逻辑上从前提可以推得这个结论，这个三段论就是有效的；如果从前提推不出这个结论，那么这个三段论就是无效的；如果推理者本人没有识别出推理的错误，就会产生某种**谬误**；但如果推理人用含有推理错误的想法去欺骗他人，那就是**诡辩**。"

规则1要求三段论有且只有三个命题——一个大前提、一个小前提和一个结论，这是因为三段论只需要由三个命题构成。如果存在三个以上的命题，那么得出一个结论就需要两个以上的前提；如果出现两个以上数量的前提，就会形成两个或更多

第 15 章　三段论：逻辑严谨的论证

三段论，或者无法形成三段论。

规则 2：三个命题中应该含有三个且不超过三个词项，即（1）**结论**的**谓词**；（2）**结论**的**主词**；（3）出现在两个前提中的**中项**，中项为（1）和（2）的纽带。

结论的谓词叫作**大项**，因为它与结论的主词以及中项相比，外延最大。**结论的主词**叫作**小项**，因为与结论的主词以及中项相比，它的外延最小。大项和小项统称为**端项**。中项处于两个端项之间。

大项和**中项**必须出现在**大前提**中。
小项和**中项**必须出现在**小前提**中。
小项和**大项**必须出现在结论中。

因此，我们看到，**大项**必须是**结论的谓词**；**小项**是**结论的主词**；**中项**可以是**大前提**或者**小前提**的**主词**或者**谓词**，且**在两个前提中都至少出现过一次**。下面的例子可以更清楚地展示这种规则 2 的要求。

- 人是会死的；
- 苏格拉底是人；
- 因此，苏格拉底是会死的。

从上面的三段论中，"会死的"为大项，"苏格拉底"为小项；

"人"为中项。其具体安排如下：

大前提："人"（**中项**）是会死的（**大项**）；
小前提："苏格拉底"（**小项**）是一个人（**中项**）；
结论："苏格拉底"（**小项**）是会死的（**大项**）。

为什么规则2要求"**有且只有三个**"词项？因为这个推理通过将两个词项分别与第三个作为中项的媒介相互比较来实现。所以，**必须**有且只有三个词项；如果词项超过三个，我们就会形成两个甚至更多三段论。

规则3：至少有一个前提为肯定命题。这是因为"从两个否定命题无法推出任何东西"。一个否定命题断言两个东西不同，如果两个命题都断言不同，我们就无法从它们推断出任何东西。如果我们有一个三段论说：（1）"人不是会死的"；（2）"苏格拉底不是人"，那我们从（1）和（2）得不出任何结论，既得不出苏格拉底是人，也得不出苏格拉底不是人。因为前面两个前提没有逻辑联系，所以从中推不出任何结论。因此，三段论中至少有一个前提必须为肯定命题。

规则4：如果两个前提中有一个为否定命题，结论必为否定命题。这是因为"如果一个词项与第三个词项一致，另一个词项与第三个词项不一致，那么第一个和第二个词项必定不一致。"因此，如果我们的三段论是：（1）"人不是会死的"；

（2）"苏格拉底是人"；那么结论一定是否定的，即（3）"苏格拉底不是会死的"。

规则 5：中项必须周延，即中项至少在一个前提中为普遍真。这是因为，如果中项不周延，大项有可能与中项的这一部分做比较，而小项与中项的那一部分做比较，如此导致二者比较的外延不同，其实质就是大项和小项没有共同的**中项**，因此没有共同的推理基础。违反这条规则会导致所谓的"中项不周延"，这是逻辑中的一个典型谬误。比如前面我们提到了一个三段论，大前提"**人**是会死的"，它真正的含义是"**所有人**"，即全称意义上的人，表达完整就是"所有人都会死"。从这句话就可以看出，苏格拉底作为"人"（或者说，**所有人**中的**一个**），必须具有所有人都具有的这个性质。反过来，如果三段论里面说的是"**有些人**是会死的"，那就没有办法推出"苏格拉底会死"——他可能会死，也可能不会。这种谬误还有一种形式，如下所示。

- 白色是一种颜色；
- 黑色是一种颜色；
- 因此，黑色一定是白色。

我们不妨澄清一下上面两个前提的真正含义："白色是**某种**颜色，黑色是**某种**颜色，两个前提中说的都不是指'**所有**颜色'，所以无法推出结论'黑色是白色'。"再比如：

- 人是两足动物；
- 鸟是两足动物；
- 因此，人是鸟。

在上面的三段论中，"两足动物"不周延，不指"所有两足动物"，而是指非周延的"部分两足动物"。因此，上面两个三段论根据规则5必然都不合格。它们不是真正的三段论，均为谬误。

中项若要"**周延**"，必须是全称命题的主词，或者否定命题的谓词；若是"**不周延的**"，则或为特称命题的主词，或为肯定命题的谓词（可以看有关命题的一章）。

规则6：前提中不周延的端项在结论中也不周延。这是因为，在结论中断言比前提中范围更大的内容既不合理，也不合逻辑。比如以下三段论就不合逻辑。

- 所有的马都是动物；
- 没有人是马；
- 因此，没有人是动物。

以上三段论的结论无效，因为**动物**在结论中周延（结论为否定命题，"动物"为结论的谓词），但在前提中不周延（此前提为肯定命题，"动物"为此前提的谓词）。

正如我们前面所说，一个三段论无论违反上述六个三段论规则中的哪一个，都将成为无效的三段论，会产生谬误。

此外还有两个规则，我们称之为**衍生规则**。任何三段论，如果违反这两个衍生规则，也会违反上述 6 个规则中的 1 条或数条规则。下面显示的就是两条衍生规则。

规则 7：至少有一个前提为全称命题，这是因为"从两个特称命题无法得出任何结论"。

规则 8：如果有一个前提为特称命题，那么结论也一定为特称命题。只有两个前提都是全称命题，结论才能是全称命题。

违反这两条衍生规则会相应违反哪些规则呢？这个问题留给大家。读者朋友们可以列出违反它们的三段论形式加以检验，获得答案。规则 7 和 8 包含了其他几条规则的精华，任何一个三段论，一旦违反这两条规则，一定也会违反前 6 条规则中的一条或数条规则。

第 16 章

三段论的三个变体

逻辑学家认为，四种命题（全称肯定命题、全称否定命题、特称肯定命题、特称否定命题）按任何可能的排列顺序组合起来，一共可以形成十九种不同的有效论证，被称为**三段论的十九式**。它们被划分为**四种语气**，每种语气可以通过中项在大小前提中的位置予以判断。逻辑学家还绘制出了精美的表格，展示哪些命题以哪些特定的排列顺序组合排列会构成哪种合理有效的三段论。在此，我们不打算罗列表格，因为对于一般读者来说技术性太强，与本书"通俗"的定位不相符，而且对于想完全熟悉上一章三段论规则的读者也没有必要，因为把那几条规则看懂了，给定一个论证，就能够说明它是不是一个正确的三段论。

在许多日常思维和表达中，三段论往往不是以**完整的**形式呈现的，甚至表述本身就不完整。在日常使用中，人们通常会省略三段论的一个前提，缺失的前提由说话人和听话人自己推理补充出来。这样的三段论有时被称为**三段论的省略式**，其英

第 16 章 三段论的三个变体

文名为"enthymene",意思是"在头脑中"。下面就是两个不完整的三段论,第一个三段论的大前提"所有自由的民族都是快乐的"被省略了,没有表达;同样,在第二个三段论中,"拜伦是一位诗人"的小前提被省略没有给出。

- 我们是自由的民族,因此我们是快乐的。
- 诗人是富有想象力的,因此拜伦是富有想象力的。

关于三段论的缺省式,杰文斯给出了一个例子:"在《登山宝训》(天主教圣训)中,'天国八福'经文包含的每一段论证都由一个前提和一个结论组成,且结论始终在前。如,'有福了,怜恤人的人,因为他们必蒙怜恤。'结论的主词和谓词在这里也被颠倒,因此命题本身应该是'怜恤人的人有福了'。它包含一个隐含的前提:'所有蒙人怜恤的人都有福了'。"所以,这段三段论的完整陈述应该是:

所有怜恤人的人必蒙怜恤;
所有蒙人怜恤的人都有福了;
因此,所有怜恤人的人都有福了。

这是一个非常好的三段论。

一般来说,只要看到 because(因为)、for(因为)、therefore(因此)、since(因)等表达,就知道这里可能有一个论证,且大概率是三段论。

到目前为止，我们已经看到了三类命题：

（1）**直言命题**，这种命题对整个类做肯定或否定，不对类的部分做量化或限制；

（2）**假言命题**，这种命题的断定内容（无论肯定还是否定）依赖于某些条件、情况或假设；

（3）**析取命题**，蕴含或断言存在某种需要进行的**选择**。

基于这三类命题的推理形式以及三段论都以他们所对应的命题来命名。因此，我们有：

（1）**直言三段论**，指仅包含直言命题的三段论；

（2）**假言三段论**，指包含一个或多个假言命题的三段论；

（3）**选言三段论**，是在大前提中包含析取命题的三段论。

与其他两种三段论相比，**直言三段论**更常见，前一章讨论的案例和本书中大部分三段论示例都属于这一类型。任一**直言三段论**中包含的命题，不论是肯定命题还是否定命题，都对其全部内容进行断定，对整个类做全称肯定或否定，不做任何限制。因此，这类推理都具有全称的特征。在这类命题或三段论中，一般假定或断定前提为真，且如果推理在逻辑上正确，则必然推出结论为真，且由此产生的新命题在其性质上也必然是直言命题。

假言三段论则相反，它的前提中有一个或两个假言命题，这个假言命题肯定或断言"如果"某个条件为真，则 xx 结论为真。海斯洛普这样说："我们常常希望首先提出一个命题所赖以成真的真理（即大前提），即使这个条件只是在一定条件下才为真，这样可以看看所得的结论与大前提之间是否有那种预期存在的联系。如此一来，整个问题的核心是如何处理小前提。这样做的好处是，无需正式的证明就可以承认三段论的大前提，而小前提的证明通常比大前提更容易。因此，人们可以将注意力集中在结论与其条件的关系上，或者通过移除大前提是否实质为真的问题，更清楚地看到论证或推理的力量，以便明晰如果我们不想接受某一论断的话，应该否认什么。"

将一个假言命题与一个普通命题嫁接，可以获得一个新的假言命题，如以下的两个三段论所示：

（1）如果**约克**有一座大教堂，那它就是一座城市；
　　　约克确实有一座大教堂；
　　　因此，约克是一座城市。
（2）如果**狗**有四只脚，它们就是四足动物；
　　　狗确实有四只脚；
　　　因此，狗是四足动物。

假言三段论可以是肯定的，也可以是否定的；也就是说，假言命题既可以做假言**肯定**断定，也可以做假言**否定**断定。单看假言三段论的前提，其中作为条件或问题的部分（通常包含"如果"这个小词）叫作**前件**。这种条件形式的前提通常是**大前提**。条件命题的另一部分说明在这个条件下将会发生什么，说明哪个部分为真，这个叫作**后件**。因此，在上面的三段论中，"如果狗有四只脚"是前件，命题的其余部分"它们是四足动物"是后件。前件中一般存在一些线索词，英语中有 **if**（如果）、**supposing**（假设）、**granted that**（假定）、**provided that**（假设）、**although**（虽然）、**had**（已经）、**were**（曾经），等等。这些词语的一般意义和含义都大致等于"if"。后件则没有特殊的线索词。

关于假言三段论，杰文斯给出了下面几条清晰简洁的规则。

规则1：如果前件为肯定形式，后件也应为肯定形式。如果后件为否定形式，前件也应为否定形式。

规则2：避免由肯定后件或否定前件造成的谬误。肯定后件或否定前件会产生谬误是因为大前提中给出的条件**可能不是唯一**决定结果的条件。比如下面第一个三段论肯定了后件，但事实上，也有可能天空乌云密布但没有下雨。用符号来表示这种谬误更加明显，如第二个三段论所示。

第 16 章　三段论的三个变体

（1）**如果**正在下雨，天空乌云密布。

~~天空乌云密布。~~

因此，正在**下雨**。

（2）**如果** A 是 B，则 C 是 D。

~~C 是 D。~~

因此，A 是 B。

下面第一个三段论展示了否定前件会造成的谬误，用符号表示为第二个。其实，镭虽然不便宜，但可能很有用。

（1）**如果**镭很便宜，它就会有用。

~~镭**不**便宜。~~

因此，镭**没有**用。

（2）**如果** A 是 B，C 是 D；

~~A 不是 B；~~

因此，C **不是** D。

杰文斯也给出过两个相应的谬误例子，下面第一个是肯定后件的例子，第二个是否定前件的例子：

（1）如果一个人是一个好老师，他会透彻地了解他的领域；

~~约翰·琼斯透彻地了解他的领域；~~

因此，他是一位好老师。

（2）如果雪与盐混合，雪会融化。

<u>地上的雪不掺盐</u>。

因此，雪不会融化。

杰文斯认为，"从肯定后件推出肯定前件是不对的，这种做法与违反三段论规则 3、与允许中项不周延一样糟糕……而否认前件实际上打破了三段论规则 4，是将前提中不周延的词项当作周延项用在了结论中。"

假言三段论一般可以轻松简化或转换为直言三段论。正如杰文斯所言，"实际上，假言命题和假言三段论与我们考虑得更多的直言三段论差别不大，**关键是如何更方便地陈述命题**。"例如，相较"如果镭很便宜，它会很有用"的表达，我们可能会说"便宜的镭会很有用"；相较"如果玻璃薄，则很容易碎"，我们可能会说"薄玻璃容易碎"。海斯洛普提出了一条**转换规则**，即"将假言命题的前件视为直言命题的主词，将假言命题的后件视为直言命题的谓词。有时候进行这样的转换比较简单，不过有时候只能通过迂回模糊的方式来实现"。

第三类三段论为**选言三段论**。如果说，好的三段论必须符合并服从上一章列出那若干条三段论规则的话，那么选言三段论可能是个例外。选言三段论不仅不遵守那些规则，而且在许多方面都与普通的三段论不同。正如杰文斯所说："如果认为好的逻辑论证都必须遵守三段论规则，那就大错特错了。只有那些通过中项连接两个词项的三段论才必须遵守这些规则。我们日常使用的许多论证都是这种含有中项的三段论，但是也存在许多其他类型的论证，很多直到最近几年才被逻辑学家所理解。其中一种重要的论证形式就是选言三段论。它并不遵守三段论规则，在任何方面都与三段论有别。"

选言三段论以析取命题为大前提。如果大前提中的析取项碰巧包含两个以上的项，那么结论中也会出现析取命题。我们已经看到，析取命题的主词拥有多个谓词，借助连词"**or**"（或/或者，英语中有时会与 **either** 成对出现）连接。例如，"闪电是片状或者叉状的""拱门是圆形的或者是尖顶的""角要么是钝角，要么是直角，要么是锐角"。用"or"连接的不同事物即为**选言**。"选言"中的"选"说明，我们可以在事物之间进行选择，如果其中一个不能满足我们的条件，我们可以选择另一个。如果有多个选言的话，我们可以有多个"另一个"可选。

使用选言三段论的规则是，"如果一个或多个选言遭到否定，则其余的选言仍然为真。"因此，如果我们说"A 是 B 或 C"或"A 或者是 B 或者是 C"，然后再**否认** B，那么就肯定了 A 是 C。有些学者还认为，"如果我们想要肯定一个选言，必须否认其余所有选言"。不过这一观点过于极端，遭到了另一些学者的强烈的质疑。虽然我们使用"either…or…"的时候，如"A is **either**

B or C"，似乎暗示着两者只可选其一，但如果我们说"A is B or C"时，二者是可以**同时为真**的[①]。杰文斯支持后一种观点，它给出了这样一个命题："治安法官是太平绅士、（或）市长、（或）领薪治安法官。"这句话并不意味着如果一个治安法官是太平绅士，他同时就不能是市长。他认为，"肯定一个选言并不意味着否认了所有其他选择，**除非这个选言与其他选言之间存在巨大差异，使它们不能同时为真**"，两个选言可以同时为真（也可以同时为假）。杰文斯的另一例子"囚犯要么有罪，要么无罪"则只有一个可为真，是选言命题的排他情况。

最后说一说困境。**困境**也是一种含有条件的三段论，其大前提给出了某种选言方案。瓦特利对困境的定义是："一种（1）大前提中有两个或多个前件；（2）小前提为选言命题的条件三段论。"也就是说，因为大前提中有两个互斥的命题，推理者被迫承认其中一个或者另一个，但不管选择哪一个，都会产生矛盾，因而身陷"两难境地"。

[①] 比如，"J. K. Rowling is a mother or a writer"，我们说《哈里·波特》的作者罗琳或者是一位母亲，或者是一位作家，但并不排除她既是母亲又是作家的可能性。——译者注

第 17 章

类比推理：从特殊推出特殊

类比推理是最基本的推理形式之一，也是大多数人最常使用的一种推理形式。类比推理是一种比较原始的快速概括，认为"事情会像以往在类似情况下发生的那样发生"，基于这个自然预期而进行的推理。"类比"在逻辑中被定义为"关系的相似性；属于一种相似性，但这种相似性无法借助归纳推理建立起来"。布鲁克斯说，"类比也是一种思维过程，在这个过程中我们推断，如果两个事物在一个或几个细节上相似，那么它们在其他一些细节上也相似。"

杰文斯认为**类比推理的规则**是，"如果两个或多个事物在许多方面彼此相似，那么它们可能在更多方面相似。"其他人对此也有类似的表述，"如果一个事物在已知的细节上与另一个事物相似，它可能在某些未知的方面也与其相似""如果两件事在几个细节上一致，它们在其他细节上可能也一致"。

使用归纳法做概括和使用类比法做概括有所不同。归纳概括的规则是,"对类中多数事物是正确的,则对所有事物都是正确的";相比之下,类比概括的规则是,"具有某些共性的事物也会具有其他共性。"杰文斯的评论不失公允,"类比推理与所谓的'概括'推理更相似,二者仅为程度的差别。如果**大多**事物都在**少数性质**上彼此相似,我们通过概括进行讨论;如果**几个**事物在**大多性质**上彼此相似,我们就需要借助类比了。"举例说明**类比**更直观:如果我们在 A 中找到 a、b、c、d、e、f、g 等性质,在 B 中找到 a、b、c、d、e 等性质,那么通过类比可以推理,B 也应具有性质 f 和 g。

布鲁克斯在谈到类比推理时说:"类比推理在日常生活和科学中的使用非常广泛。比如一位医生在为病人诊断时说,病人的病对应伤寒的一些症状,诊断他得的就是伤寒,并推断他也会有伤寒的其他症状。再比如一位地质学家发现了一具动物化石,其爪硕大、结实且粗钝,因此他推断此动物通过抓挠或挖洞获取食物。巴克·兰(Buck Land)博士就是通过类比,仅从几块化石骨头就构建出一只动物,后来这只动物的完整骨架被挖掘出来后,证明巴克·兰博士的构造完全正确。"哈勒克因此说:"在论证与推理中,我们会寻找对象之间隐秘的相似点,这一习惯对我们帮助很大……能够发现这种相似关系可以培养我们的思想。如果想要在论证中取得成功,我们必须增强对这些关系的所谓的第六感……诗歌研究可能对于发现类比、培养推

第 17 章 类比推理：从特殊推出特殊

理能力非常有用。当诗人借助毛毛虫破茧成蝶的意象，借助蝴蝶在花丛青草间抖翅飞翔，清楚地将死亡所引发的变化展示出来，他就是在培养我们欣赏这种相似关系的能力——死亡之所以珍贵，是因为它无比美丽。"

但是读者也要警惕，类比推理的结论有时具有一定的欺骗性。如杰文斯所说："在许多情况下，类比推理不够可靠，有时会导致令人遗憾的错误。比如，有时候孩子采集了有毒的浆果，因为其外形与可食用浆果十分相似，所以误判这些浆果可以食用，结果食用了有毒浆果而不幸丧命。再比如，有毒的伞菌有时会被当作蘑菇而被误采误食，尤其那些不熟悉蘑菇的人更易发生这种意外。记得有一次我在挪威采到了一些蘑菇，在客栈里煮了，之后客栈里就有人去采了有毒的伞菌拿过来要我煮着吃。多热情啊！可是要知道，蘑菇在挪威很少见，也很少有人食用。这显然就是一个类推失误的鲜活案例。在某种程度上，甚至凶狠的动物也采用类比的方式做推理。比如被棍棒打过的狗害怕棍子，如果有几只狗怎么赶都赶不走，你手边也没有棍子，那怎么办？没关系，蹲下假装捡石头也可以吓退那些狗。"哈勒克说："许多错误的类比推理都是人为制造的。思考如何揭露错误推理是一种极好的思维训练。大多数人想得太少，他们就像刚刚长毛的知更鸟，小知更鸟张大嘴等着大鸟喂食，所以即使一颗小石子掉到它嘴里它也会吞掉……我们必须对这种随波逐流的思考方式予以抵制，否则不可能有任何进步。"布鲁克斯说："类比推理看似合理，但往往具有某种欺骗性。因此，从小天鹅是白色的推理出澳洲天鹅是白色的，就是一个错误的类比结论，因为澳洲天鹅是黑色的。因为约翰·史密斯有红鼻子并且是酒鬼，所以推理同样有红鼻子的亨利·琼斯也是酒鬼，也是危险的做法……从类比推理得出的此等结论往往是谬误。"

关于**类比推理规则**，杰文斯认为，"无法保证通过类比进行论证是绝对安全的。唯一可以给出的规则是：两个事物越相似，它们在其他方面就越有可能相同，尤其在与所观察的点密切相关的那些点上……为了使我们的立场更清楚，我们实际上不应该满足于单纯的类比推理，而应试图去发现其背后的普遍规律。在使用类比推理时，我们似乎只从一个事实去推理另一个事实，没有动用演绎法或者归纳法。这样一来，我们的类比推理就只是一种猜测，不是真正的结论性推理。我们应该适当地去确定，观察到的事实表明存在哪些普遍的自然规律，根据这些规律做推理会发生什么……我们发现，类比推理不够可靠，除非我们真正采用了归纳推理和演绎推理，对所讨论事物的原因和规律进行了深入的调查。"

同样，布鲁克斯说，"类比推理就像归纳推理一样，应该谨慎使用。要知道，其所得结论并非必然为真，只是达到了高概率的程度。从部分到部分的推理，如同从部分到整体的推理，

第 17 章 类比推理：从特殊推出特殊

只是具有理性的必然性而已。为了达到必然，我们必须证明类比推理过程中最基本的原则要么是思想的必然规律，要么是自然的必然规律；但这两种情况都无法证得。因此，类比推理只能假装具有极高的概率，甚至可能达到很高程度的确定性，但永远无法达到必然性。因此，我们必须小心，只有通过实际观察和实验证明了一个类比推理是正确的，或者通过应用归纳法消除了所有合理的怀疑，才能接受一个类比推论为真。"

第 18 章

谬误：我们经常掉进的陷阱

谬误是"一种不可靠的论证或者论证模式，虽然谬误看起来是对某个问题的回答，但事实上并非如此；它是一种论点看似合理、实际并不正确的论证方式；是一种错误的陈述或命题，只是所含错误不甚明显。谬误具有误导性或欺骗性，是一种诡辩。"

在演绎推理部分我们遇到了两种谬误：**前提谬误**和**结论谬误**。下面依次考量这两种谬误。

前提谬误是假设了一个无效前提的谬误，其最常见的一种形式为"**乞题**"，即在论证时把一个非永真的命题预设为基本前提，这种谬误把尚未承认的假设未经证明就当作假设用于证明，或者把要证明的内容未经证明便藏匿在假设之中。前提谬误最常见的形式是使用未经证实的事情、利用权威或对全部做断定，然后将其作为论证的大前提，从这个大前提开始进行逻辑推理。听话人从那个观点按照逻辑要求做论断时，往往不再记得**前提**

第 18 章 谬误：我们经常掉进的陷阱

只是假定的，没有根据、未经证明，甚至省略了表示假设含义的条件连接词**"如果"**。人们可能会从"月亮是由绿色奶酪制成的"这一前提开始进行逻辑论证，但事实上，整个论证无论如何都是无效的、错误的，因为这个论证基于一个没有根据的前提在做"乞题"。

海斯洛普举过一个好例子，即命题"Church and State should be united"（教会与国家应联合起来）。支持者证明此"乞题"如下："好的制度应该联合起来；教会和国家都是好的制度；因此，教会和国家应该联合起来。"问题是，"好的制度应该联合起来"这个主张本来就是谬误，它只是个未经任何证明的假设。作为一个命题，它并不合理，但是很少有人会立即提出异议对其进行反驳。稍加思考便会发现，虽然一些好的制度联合起来非常好，但**所有**好的制度机器都应联合起来"不是"一个普遍的真理。

也有人会为一个事物**命名**，然后假设命名后这件事便已**解释完毕**，这样往往也会造成"乞题"。这是很多人的惯常做法——他们只是赋予事物某个名称，然后就当作他已经认真做过**解释了**。比如，有人说"因为玻璃是透明的"，所以我们可以透过玻璃看到东西，"因为这个东西很脆"，所以它容易碎。这两句都好像解释了什么，但实际上什么也没有解释。

莫里哀的剧本里有这样一个故事：哑女的父亲向医生询问他女儿为何不能说话。医生回答说："这解释起来太容易了；因为她没有说话能力。""是的，是的，"父亲追问道，"但是原因呢？如果可以，请告诉我她为什么失去了说话的能力？"医生正色回答道："专业的说法是，这是舌头的一种活动性功能障碍。"

杰文斯说："乞题最常见的错误方式就是使用某些暗示我们态度的名字，然后去论证说因为它如此，所以如此。比如两名运动员因为某项运动而发生争执，其中一个人很可能会争辩说另一人的行为'不符合体育道德'，因此不应该这样做。"这看起来就是一个正确的三段论："不应该做出违反体育道德的行为；约翰·罗宾逊的行为不符合体育道德；因此，约翰·罗宾逊不应该这样做。这个论证形式完全正确；但抱歉，这只是表象。'违反体育道德'是**指运动员不应该做的事情**。但问题是这两个运动员争论的重点是否在**不符合体育道德**的定义之内。"

从"乞题"开始进行推理（或系列推理），就是所谓的"循环推理"。在循环推理的谬误中，人们对命题的证明其实就是命题本身，或者使用结论中的内容证明前提成立。例如："这个人是流氓，因为他是流氓；他是个流氓，因为他是个无赖。""天气暖和因为现在是夏天；现在是夏天，因为天气暖和。""他从不过量饮酒，因为他从不酗酒。"等等。

第 18 章 谬误：我们经常掉进的陷阱

布鲁克斯说："一个政党好，因为它主张采取好的措施；而有些措施很好，因为这些措施是由一个如此优秀的政党所提倡的。这样的论证就是循环论证。所以当人们论证说，他们的教会是真正的教会，因为它是由上帝建立的，然后再论证说既然它是真正的教会，它一定是由上帝建立的，这就是陷入了循环推理的谬误。再比如，先说'意志是由最强大的动机所决定'，再将最强大的动机定义为'影响意志的东西'，此处先用动机去定义意志，然后紧接着再用意志去定义动机，就是在思想的圈子里打转，其实什么也证明不了。"

柏拉图论证灵魂永恒时就犯了这样的错误，先用灵魂的简单性论证灵魂的不朽，然后又试图从灵魂的不朽来证明它的简单性。这样的错误需要小心避开，因为人们太容易陷进去了。海斯洛普说："循环推理主要发生在长篇论证中，因为在一个较长的篇章中，可能人们即使陷入了循环推理，也不太容易察觉。很可能因为人们使用了同义词，表面上看上去好像表达了比需证明的概念更大的概念，然而事实上并非如此。"当一个三段论的结论被用作另一个三段论的前提命题，然后第二个三段论的结论再被用作第一个三段论（**初始三段论**）的基础，这就造成了所谓的"恶性循环"。

第二种谬误为**结论谬误**，指**用与结论不相关或自身毫无根据的假设进行推理而造成的谬误**。结论谬误有多种表现形式，以下列出了几种。

偷梁换柱。佯装证明一件事情但实际上仅证明了与其相似或相关的事情。比如，论证因为一个人是异教徒，所以他一定不诚实；或者因为一个人否认《圣经》的神谕，所以他一定是一位无神论者。

诱导性问题。提出两个或多个相关联的问题，然后用一个问题的答案回答另一个问题。如：

甲："你断言一个社会越文明，见到的绅士可能就越多？"

乙："是的。"

甲："那么，你的意思是，绅士是一个社会文明的推动者和动因？"①

此类问题十分巧妙，无论给出肯定还是否定的回答都会导致错误的推理。比如有律师在证人席上问一位受人尊敬的公民："你还打你妈妈吗？"无论他回答"打"还是"不打"都有问题，因为它预设这位证人以前打他妈妈。而事实上呢，这位证人从来没打过自己的母亲，这是个完全不相关的指控。

片面证明。即用对部分内容的证明或者对相关事实的证明

---

① 这个例子中，本来乙讨论的是社会文明程度与绅士数量的相关性，但是甲的第二次提问已经将问题变成了绅士是不是社会文明的推动者。——译者注

推断整个事实或相关事实均如此。例如，看到一个人进入酒馆就推断他犯醉酒罪，这就是一个片面证明。

诉诸民意。诉诸公众的先入之见，而非公众的公正判断或逻辑来做推理。这常见于政治和神学辩论中。这种情况不属于论证或证明，应予以注意。

诉诸权威。利用公众对特定人物或特定人群的崇敬和尊重来左右公众的感受，代替其自主判断或推理。例如："华盛顿这样认为，因此它一定是对的。""认为亚里士多德犯错很愚蠢。""两千年来人们一直这样认为……""我们祖先所相信的一定是真的。"等等。诉诸权威有时可能合适，但它在逻辑上是谬论，不是真正的论证。

诉诸职业。对对手的做法、做事的原则或其职业提出疑问，非真正意义上的推理或判断。因此，我们可能会证明，因为坚持某种哲学或宗教的人做事前后矛盾、不讲信用、没有道德或者不清醒，所以这种哲学或宗教不可能健全美好。这种论证在反对一个对手时往往很有效，但是仅在反对他这个人时有效，如果要反对他的哲学或者他的宗教信仰，恐怕就不合适了，因为他即使有那么多不好的行为习惯，甚至他改变了自己做事的方法，他依旧可以坚持他的信仰。因此，两件事之间并不必然相关。

诉诸普遍信念。诉诸某种普遍信念，这种信念可能未经证实。诉诸普遍信念颇为常见，不属于真正的论证。历史证明，大家都相信的想法也可能是错的。几个世纪前，人们相信地球是平的；半个世纪前，人们相信达尔文太异想天开了；今天，人们也会用"大家都认为"去攻击新的想法，但这种做法本身就是一个谬误。

诉诸无法知。此论证需要诉诸对方的无法知，证明因为对方不知道，所以他的意见不对。比如，"**因为你无法证明某某为假**，所以它一定为真"，但其实并没有证明什么。诚如布鲁克斯所说："因为我们无法解释心灵如何知道物质世界的存在，所以可以证明物质世界不存在，这是哲学中著名的休谟谬误。不能因为我们无法在大海中捞到这根针，就说这根针不存在。"

引入新成分，也叫**不当结论**，即在结论中引入了前提中没有的新成分。海斯洛普举过下面这个例子。

- 所有人都是**理性的**；
- 苏格拉底是人；
- 因此，苏格拉底是高贵的。

显然，结论中出现的"高贵"并没有出现在前提中（"高贵"是结论中引入的新成分）。德·摩根（De Morgan）还提出了一个更复杂的例子。

- 圣公会教堂也基于《圣经》；
- 英格兰教会是英格兰唯一的圣公会教堂；
- 因此，只要建立起来的教会就应该得到支持。

还有一些谬误在某些方面与上述谬误类似，以下列出了几个。

歧义项谬误。用同一个词的不同含义制造谬误论证。如杰文斯所说，其实"一个词如果拥有两种含义，它**实际上就是两个词**"。

混淆同一词项的集体解读与普遍解读。关于这种谬误，杰文斯指出，"如果论证因为大英博物馆图书馆的**全部**书籍必定提供有关阿尔弗雷德国王的信息，所以说任何一本书都会提供阿尔弗雷德国王的信息，显然很荒谬。因为'大英博物馆图书馆的**全部**书籍'指**全部作为一个整体**（不是分配到每一本的全部）。当然在许多情况下，这种两种解读不这么明显，很多人都察觉不到。"

从集体解读推理普遍解读。此谬误主要存在于论证因为某事对整个类为真，因此它对类中的任何个体都为真的情况。杰文斯举了这样一个例子，"**整个**团的士兵攻占了这座城。（那是否等于每位士兵都有能力攻占这座城呢？）如果就此认为团里的每位士兵都可以单枪匹马攻占这座城，那就太荒谬了。白羊比黑羊吃得多，可能不是因为单只白羊比单只黑羊食量大，而是白羊的整体数量比黑羊多（这里'白羊'和'黑羊'都是集体解读，不能做普遍解读来理解）。"

句子含义不确定。从句子不正确的含义出发进行推理而引起误解、产生错误的论证。杰文斯说："有一种幽默的方法可以证明猫一定有三条尾巴：因为一只猫比**没有**猫多一条尾巴；**没有猫**有两条尾巴；因此，**任何**猫都有三条尾巴。"这里巧妙而幽默之处就在于"**没有**"的一语双关。

证明错误的结论。意欲混淆所得结论，利用所得结果使人联想事实已成。杰文斯讲了这样一个故事，"有个爱尔兰人很善于使用证明错误结论的方法。他被指控盗窃，有三名目击者的证词，目击者均看到他偷盗；他则要求传唤**30名没有**见过他偷盗的证人。利用同样逻辑谬误为自己辩护的还有一个人，有人指控他是唯物主义者，他回答说：'我不是唯物主义者，我是一名理发师。'"

不成功论证的谬误。**因为某个论证不成立，所以证明相反结论成立**的做法。这类谬误十分常见，陪审团尤其常用。比如一方未能证明某些论点，陪审团迅速得出结论，认为相反的论点必是正确的。这显然是错误的，因为经常可能会有**第三种**解释。在要求**不在场证明**的法庭案例中，陪审团很容易陷入这种谬误中。未能给出不在场证据通常被认为即证明被告有罪。在以前，相比一个直接证据，未能给出不在场证据可能会使审判律师更倾向于对被告提出指控。然而，所有懂得逻辑推理的人都能看出来，这类推理没有任何逻辑有效性。正如杰文斯所说："证明一个命题，不论失败多少次，都不能证明它不对。"每次失败都只是回到了之前尝试的位置，即"未证明"。

违反三段论规则的行为都会构成谬误，可以通过构造违反一条或多条规则的三段论直观看出。

逻辑学家，尤其是古代逻辑学家，煞费苦心去发现和命名新的谬误，其中有些本质上过于吹毛求疵，不值得我们细酌。我们列举的一些谬误可能也会受到同样的诟病，不过我们已经尽量忽略那些极度违反常识的谬误了。一旦理解推理的基本法则，就能够揭露和发现任何谬误。理解这些法则比记住那些吹毛求疵区分出来的谬误的**名字**更有价值，毕竟后者不免有哗众取宠之嫌，连小孩子都骗不了。

除了上述演绎推理的谬误之外，**归纳推理**也会遇到一些谬误。以下列出其中几种。

匆忙概括、错误概括。人们有时会在一个类中的几个个体上看到某些性质，随即错误地推断该类中所有个体都具有相同的品质，这就属于匆忙概括谬误。旅行者往往会陷入这种谬论。

比如，有英国人来美国游玩了几周，回国后写游美攻略，攻略中对美国人的概括往往在美国人看来颇为荒诞，因为英国人的判断主要基于他对零星个体的观察，通常不具有代表性。去国外旅游的美国人也会犯类似的错误。穿越一国之旅恐怕很难提供足够的机会实现正确的概括。正如布鲁克斯所说，"只有证实一个假设的事实足够多，才可以毫无疑问地说，这个假设被证明为真。"

观察谬误。采用了不正确的观察方法会引发观察谬误。观察谬误通常有：

（1）**粗心观察**，即觉知不精准或诉诸头脑中的概念化概念；

（2）**部分观察**，即只观察事物或事实的一部分而忽略其他，从而形成对事物或事实的不完整、不完善的概念；

（3）**忽略例外及矛盾事实**，所以对已观察到的事实给予过分关注；

（4）**以非现实事实为假设**，或者假设不真实的事物具有真实性；

（5）**混淆推论与事实**，这种谬误最不可取。

错误原因谬误。将并非原因的事情假设为原因，它更为人熟知的形式是**用先行关系替换原因**，即将一件先发生的事情假

第 18 章 谬误：我们经常掉进的陷阱

设为其**原因**。因为公鸡叫黎明来，所以人们可能会认为，公鸡叫是黎明来的**原因**，因为前者**先于**后者；因为彗星出现之后产生了瘟疫，所以彗星是产生瘟疫的原因；因为有个孩子观察到医生总是在病人死前探望病人，所以他断定医生是**导致**病人死亡的原因；因某一政党的主席宣誓就职几个月后庄稼歉收，所以是这位主席的宣誓就职导致庄稼歉收。这些都是错误原因谬误。日常推理中也有些类似的谬误同样不合逻辑。比如，**用症状代替原因**，即把某种症状、迹象或者事件假设为真正的原因。比如把患麻疹时起的丘疹当作导致麻疹的原因。还有上面提到的那个把绅士多看作是产生文明社会的原因的谬论，也是因果倒置的结果，绅士不是实现文明社会的原因，只是一个偶然性结果。政治家喜欢假设某个时期会出现某些事件或迹象，将其作为当时社会繁荣、文化兴盛和进步的原因，或者反之。就好像有人可能会因为看到汽车越多时代越好，所以断定汽车是国家繁荣的原因一样。这和人们认为天气炎热的时候人们都戴草帽，所以是草帽（现象）导致天气炎热（结果）一个道理。

最后一个是**类比谬误**，它假设存在某种相似性或同一性，但这种相似性或同一性实际并不存在。我们在另一章中谈到过这一点。布鲁克斯还说："类比的使用过犹不及，就好像从《圣经》中耶稣关于'坚韧寡妇'[①]的比喻推断出上帝是一个不公正的法官一样，过犹不及。"

说到这里，我们想以杰文斯的一段话结束本部分以及本书的讨论。关于逻辑推理，他认为问题的核心是"我们不可能时时提醒大家。一方面，**正确的推理都是用相似的事物替换相似的事物得到的**，它暗示对一件事情为真的，对与其相似的所有事物都为真；另一方面，**不正确的推理也都是用相似的事物替换相似的事物得到的**，只是这些相似的事物之间没有必然的相似性。要想判断在什么情况下从一些事物可以推出另一些事物，什么样的推理正确、什么样的推理错误，我们就必须设立演绎逻辑规则和归纳逻辑规则。"

[①] 这是《圣经》里的一个寓言，讲了这样一个故事，寡妇向城里的官求公道，这个官不关心百姓，只为不再遭受妇人的叨扰而帮她伸了公道。想要说的道理是人要经常祷告，神会回答人们的祈求。所以这里布鲁克斯说，不能直接类比上帝就是不负责任的法官。——译者注

附录一　文中人名检索

Brooks	布鲁克斯
Steward	斯图尔特
Jevons	杰文斯
Sir William Hamilton	威廉·汉密尔顿爵士
Berthelot	贝特洛
Goethe	歌德
Halleck	哈勒克
La Place	拉普拉斯
Hobbes	霍布斯
Hyslop	海斯洛普
Whately	瓦特利
Esser	埃舍
Atwater	阿特沃特
Thomson	汤姆森
Whewell	惠威尔

附录二

术语检索

abstract ideas	抽象的想法
abstraction	抽象
accident	偶性
apperception	统觉
argument	论辩
axiom	公理
categorical proposition	直言命题
cause and effect	因果
causes	因
collective terms	集合词项
composition	合成
concept	概念
conception	概念化 / 观念
contradictory	矛盾命题 / 矛盾关系
contrary	反对命题 / 反对关系

converse	换位命题
conversion by contraposition	换质换位
conversion by limitation	限量换位
conversion	换位法
convertend	被换位命题
deduction	演绎法
difference	种差
distributive terms	分配词项
effect	果
enthymene	三段论的省略式
enumeration	枚举
extremes	端项
fact	事实
faculty	（人脑的）官能
general concept	普遍概念
general terms	通称词项
general truths	普遍真理
generalization	概括
hypothetical proposition	假言命题
idea	想法
imperfect induction	不完全归纳推理

induction	归纳法
infima species	末级种
infinitated term	否定化的词项
laws	规律
major term	大项
mediate	中项
mental image	心像（心理表象）
mental representation	心理表征
method of agreement	一致法
method of concomitant variations	共变法
method of difference	差异法
method of residue	剩余法
middle term	中项
minor term	小项
negative terms	否定词项
nego-positive	否定性肯定词
opposition	对当关系
particular truth	特殊真理
percept	感知
perception	知觉
perfect induction	完全归纳推理

positive terms	肯定词项
privative term	剥夺性否定词
property/attribute	特征、特性/属性
quality	性质
real definition	实质定义
reason	推理
reasoning	逻辑推理
recognition	识别
secondary proposition	从命题
sense-knowledge	感官型知识
simple conversion	简单换位
singular terms	单称词项
square of opposition	对当方阵
subalterns	差等关系
sub-contraries	下反对关系
summum genus	总属
syllogism	三段论
term	词项
thought	思想
thought-knowledge	思想型知识
universal proposition	全称命题

北京阅想时代文化发展有限责任公司为中国人民大学出版社有限公司下属的商业新知事业部，致力于经管类优秀出版物（外版书为主）的策划及出版，主要涉及经济管理、金融、投资理财、心理学、成功励志、生活等出版领域，下设"阅想·商业""阅想·财富""阅想·新知""阅想·心理""阅想·生活"以及"阅想·人文"等多条产品线，致力于为国内商业人士提供涵盖先进、前沿的管理理念和思想的专业类图书和趋势类图书，同时也为满足商业人士的内心诉求，打造一系列提倡心理和生活健康的心理学图书和生活管理类图书。

《思辨与立场：生活中无处不在的批判性思维工具》

- 风靡全美的思维方法、国际公认的批判性思维权威大师的扛鼎之作。
- 带给你对人类思维最深刻的洞察和最佳思考。

《思维病：跳出思考陷阱的七个良方》

- 美国知名思维教练经全球数十万人验证有效的、根除思维病的七个对策。
- 拆解一切思维问题，助你成为问题解决高手。